Spring Time

滿希望 · 萬象回春的手作時節

當春天到來，代表又迎來嶄新的開始，各種事物都出現了生機與希望，過去不好的都已經過去，不能被挫折打敗，無論是哪方面都會有新的契機，只要心態正面，就會有全新的改變。像四季的景色，有冬日的蕭瑟才會為春日的蓬勃而感動，將這份喜悅的心情，持續到下一個春季，一同喚回手作的初心。

Cotton Life 推出變化包手作主題！邀請擅長車縫與創作的專家，發想出能變化外型又可兩用的包款，製作以不同的造型與配色，啟發讀者的靈感與創作力。內容有可收摺成小提袋也可增加袋底空間的蕾夢二用巧摺包、雙面使用呈現不同款式的百變女郎雙面包、雙包的設計理念，變化成一款包也毫無違和感的英倫風三用包，每款得變化方式都令你耳目一新，對手作包有全新視野。

本期專題「出國必備行李袋」，讓熱愛出國放鬆心情的妳，能滿載而歸，帶回很多新事物與親朋好友分享。有超實用又吸睛的時尚大容量多功能旅行袋、不佔大型行李空間卻又可裝回很多伴手禮的易收納摺疊後背包、圖案可愛不易撞包，收納後好攜帶的變形小怪獸收取包、適合獨自來個輕旅行，拍照很有意境的三天三夜旅行包，每款都讓人好想帶上它來一場愉快的旅行。

本次單元收錄了皮製的手作長短夾，啟發你新的興趣與才能，成為全方位的手作家。有小巧精緻的多功能時尚皮短夾、簡約清新又討喜的極簡純粹口金短夾、編法特殊，招財喜氣的田字編織紅白長夾、超有質感又率性的個性撞色扣帶式長夾，每款都好看又耐用，將手作融入日常，讓身邊充滿著富含情感的作品，將這份溫度傳遞給更多的人。

感謝您的支持與愛護
Cotton Life 編輯部
www.cottonlife.com

Cotton Life

春日手作系
2019 年 03 月
CONTENTS

自薦專線

Cotton Life 長期徵求拼布老師、手作達人，竭誠歡迎各界高手來稿，將您經營的部落格或 FB，與我們一同分享，若有適合您的單元編輯就會來邀稿囉～

(02)2222-2260#31
cottonlife_service@gmail.com

❀ 旅遊專題

出國必備行李袋

❀ 玩皮特企 **質感皮製長短夾**

國家圖書館出版品預行編目 (CIP) 資料

Cotton Life 玩布生活 . No.30：大小自由變
化包 × 出國必備行李袋 × 質感皮製長短
夾 / Cotton Life 編輯部編 . -- 初版 . -- 新北
市：飛天手作，2019.03
　　面；　公分 . --（玩布生活；30）
ISBN 978-986-96654-3-8（平裝）

1. 手工藝

426.7　　　　　　　　　　108002281

Cotton Life 玩布生活 No.30

編 者　Cotton Life 編輯部
總編輯　彭文富
主 編　潘人鳳、葉羚
外 編　Molly
美術設計　柚子貓、曾瓊慧、林巧佳
攝 影　詹建華、蕭維剛、林宗億、張詣
紙型繪圖　菩薩蠻數位文化

出 版 者／飛天手作興業有限公司
地 址／新北市中和區中正路 872 號 6 樓之 2
電 話／(02)2222-2260．傳真／(02)2222-1270
廣告專線／(02)22227270．分機 12 邱小姐
教學購物網／www.cottonlife.com
Facebook／http://www.facebook.com/cottonlife.club
讀者服務 E-mail／cottonlife.service@gmail.com
■劃撥帳號／50381548
■戶 名／飛天手作興業有限公司
■總經銷／時報文化出版企業股份有限公司
■倉 庫／桃園市龜山區萬壽路二段 351 號

初版／2019 年 03 月
本書如有缺頁、破損、裝訂錯誤，
請寄回本公司更換
ISBN／978-986-96654-3-8
定價／320 元
PRINTED IN TAIWAN

封面攝影／詹建華
作品／宋淑慧。黛西

Tic Tac Toe 井字遊戲萬用包

將井字遊戲的元素運用在拼布設計上，有趣又創意，圈圈叉叉可排列成多種不同組合，
搭配顏色的運用變化，讓拼布更有吸引力，像玩遊戲般，令人著迷其中樂趣。

製作示範／游如意（Sophia Yu）
編輯／Forig　成品攝影／詹建華
完成尺寸／寬17cm×高12cm（不含提把）×底寬5cm
難易度／☆☆☆☆

4

Materials 紙型 Ⓐ面

※除特別説明外，車縫縫份皆為0.7cm。

材料：
袋身表面配色底布A：30×36cm、B：30×36cm、C：30×55cm
配色布四種，各15×13cm
側身表布45×18cm
提手用布兩色，各17×7cm
裡布45×55cm
胚布32×22.5cm
出芽斜布條2.5cm寬×90cm長
出芽棉繩0.3～0.5cm直徑90cm長
單膠機縫用薄鋪棉45×75cm
厚布襯15×10cm
冷凍紙45×10cm
30cm長3V塑鋼拉鍊一條

Profile 游如意 創意拼布
Patchwork Studio

游如意（Sophia Yu）

· 日本手藝普及協會手縫指導員合格認定
· 拼布配色專業課程教學
· 定期赴日本及美國進修研習
· 定期大陸巡迴教學
· 著有【拼布配色事典】一書

地址：台中市華美西街一段 142 號
Facebook：游如意創意拼布工作室
網站：http://quiltersophia.com

【底布裁切】
(1) 底布A與B裁切成7.5cm×7.5cm，各12片，兩色共24片。
(2) 底布C裁成15×4cm，16片。
(3) 配色布每色裁5×15cm，各2片。

9 輪刀切齊起頭邊緣。再放上另一半,對齊起頭邊緣及起頭交叉位置,車縫後縫份燙開。

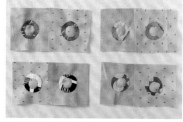

10 以上步驟(1)至(9)方式完成底布A組8片及底布B組8片。再用切割未完的配色布依紙型裁切成O字型,與底布A與B手縫貼布固定,共8片。

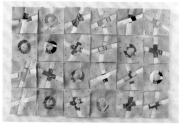

11 以上車縫和拼接好的布片,輪刀配合直尺修整成6.5×6.5cm正方。並隨意排列成直向長方形組合,橫4片×直6片。

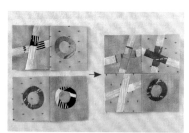

12 先車縫兩片成一組,縫份燙開,再兩兩組對齊車縫成2×2片一組,縫份燙開。

5 再放上另一半底布A,正面相對,對齊斜邊邊緣外,起點處注意交叉對齊。

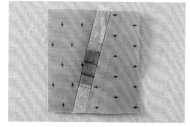

6 車縫好後縫份燙開,翻回正面示意圖。

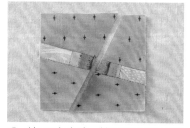

7 轉90度方向,輪刀配合直尺隨意角度切成兩半。

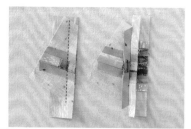

8 放上同配色組的布條,正面相對,對齊斜邊邊緣,車縫後縫份燙開。

★ 表袋身拼接

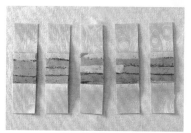

1 取底布C+配色布+底布C的組合方式,車縫後縫份攤開燙平。

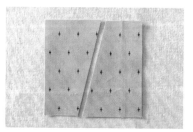

2 再用輪刀裁切成2.5cm寬一條,一色需要裁8條,四色共裁成32條備用。

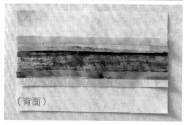

3 取底布A一片,利用輪刀直尺隨意角度切成兩半。

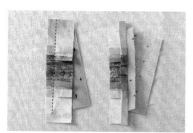

4 取步驟(2)切好的配色布一片,與步驟(3)切好的底布A其中一半斜邊側正面相對,車縫後縫份燙開。

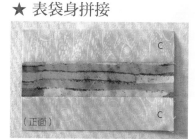

製作開口側身拉鍊

20 側身紙型畫在側身表布背面，利用0.7cm縫份圈畫出縫份後剪下，並在背面畫出長度中心記號。再畫側身紙型在鋪棉上，不需外留縫份剪下，共兩片。將鋪棉放上，有膠面與表布背面相對，利用熨斗輕壓熱燙，將鋪棉燙黏在表布背面。

21 側身表布裁切5×3cm布條，共兩條，是拉鍊頭尾兩側需要的擋布。擋布車縫在拉鍊頭尾，縫份倒向擋布燙平，對折找出長度中心點做記號。

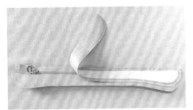

22 對齊側身長度中心點及拉鍊長度中心點，側身片與拉鍊正面相對，配合拉鍊壓布腳車縫組合，縫份倒向側身布片燙平，拉鍊擋布頭尾若有突出側身的話將之修齊，完成側身拉鍊片。

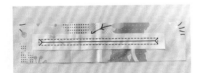

23 裡布裁44×10cm一片，以消失記號筆畫中心線。再裁35×4cm一片為開口布，也畫上中心線，正中央畫31.5×1.5cm開口記號線。將開口布與裡布正面相對，對齊中心線別上珠針，沿開口記號線車縫一圈。

17 若覺得落針壓線不夠豐富，底布的部分還可以壓自由曲線裝飾。

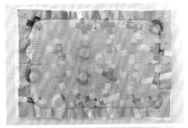

18 再次以袋身紙型在壓好線的袋身表面畫一次完成線，縫紉機配合均勻送布壓腳沿線車縫一次，針距3.0或4.0。

19 將預留線頭打結在完成線上，剪掉多餘線尾，再將縫份內鋪棉全部緊貼車線修除。

13 兩兩組車成4×4片一組，縫份燙開。

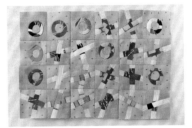

14 以此方式依次車成一整片，縫份燙開。

製作表袋身

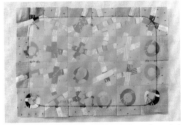

15 取袋身紙型放在表布，表面以消失筆畫完成線。

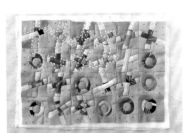

16 袋身表布＋鋪棉＋胚布三層，自由曲線或手縫方式沿著配色布形成的X及貼布O字形邊緣落針壓線，壓線遇到四周完成記號線時不打結留線頭5cm。

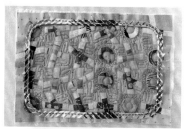

31 出芽條的車縫線對齊袋身表布四周的完成記號線,疏縫一圈。

32 裡袋身裁20×15cm兩片,車縫接成20×28.5cm,中間留7～10cm作為返口不車,縫份燙開。

33 表裡袋身正面相對,對齊好沿完成線疏縫一圈。

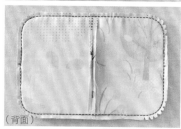

34 配合拉鍊壓布腳車縫一至兩圈,四角落轉角修剪牙口。

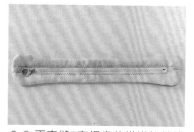

28 再車縫Z字鋸齒花樣沿拉鍊邊一圈,並拆除疏縫線。

製作出芽與袋身

29 裁出芽斜布條82cm長外加縫份。布不夠的話可以用接的。棉繩82.5cm長,交疊0.5cm車線纏繞,接成環狀。

30 斜布條也接成環狀,對折斜布條,包入棉繩,配合拉鍊壓布腳直線疏縫一圈,針距4.0。

24 開口記號線內剪開,兩頭剪Y字朝向四角,藉由剪開的洞口將開口布翻至背面,整好邊緣燙平。

25 側身裡布與側身拉鍊片正面相對,裡布開口對齊拉鍊,沿拉鍊周圍疏縫或珠針固定。

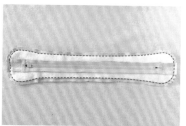

26 翻至側身拉鍊片背面朝上,沿邊緣的完成線車縫一圈。縫份轉角剪牙口,並將多餘的裡布修剪掉。

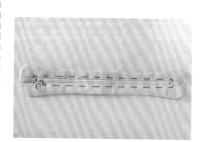

27 藉由裡布開口將側身拉鍊翻出至正面。整平周圍後,對齊裡布開口與拉鍊疏縫。

42 藉由拉鍊開口翻至正面,工字縫方式縫合側身表布與袋身出芽側邊緣,即完成。

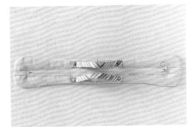

39 翻至正面,對齊邊緣,沿邊車縫,完成提手兩條。

35 藉由裡布返口翻至正面整平,並縫合返口。

製作提手

36 厚布襯裁1×14.5cm共4條,燙黏至兩色提手用布上,厚布襯四周外留0.7cm縫份剪下。

40 袋身周圍記號點標示,側身也是,記得側身提手釘釦記號也要畫上,並利用固定釦將提手釘上。

組合袋身

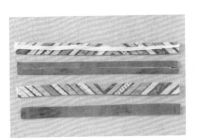

41 袋身與側身正面相對,對齊邊緣,先捲針縫幾個記號點(捲縫時是結合側身裡布與袋身裡布的兩部分),再捲針縫記號點以外的其餘段落。

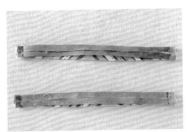

37 將長邊兩側縫份燙入,共完成4條。

38 兩色提手正面相對,頭尾端車縫固定。

小木屋拼接杯墊組

小木屋拼接猶如著色一般,有千變萬化的組合與排列,一種技法就可以玩出新的思維與創意,
初學者容易上手,它的魅力在於簡單卻能發掘出更多樂趣,讓人沉溺其中,難以自拔。

製作示範/王鳳儀　編輯/Forig　成品攝影/詹建華
完成尺寸/寬10cm×高10cm
難易度/★★

Materials

裁布：

圖案A（blue＆yellow）迷宮

藍色布	3.5×3.5cm	1
配色布a	3.5×2.5cm	素麻×1、黃色×1
配色布b	5.5×2.5cm	素麻×2、黃色×2
配色布c	7.5×2.5cm	素麻×2、黃色×2
配色布d	9.5×2.5cm	素麻×2、黃色×2
配色布e	11.5×2.5cm	素麻×1、黃色×1

圖案B（blue＆yellow＆orange）

橘色布	3.5×3.5cm	1
配色布a	3.5×2.5cm	素麻×1、黃色×1
配色布b	5.5×2.5cm	素麻×1、藍色×1、黃色×2
配色布c	7.5×2.5cm	素麻×1、藍色×2、灰色×1
配色布d	9.5×2.5cm	素麻×1、灰色×2、藍色×1
配色布e	11.5×2.5cm	黃色×2

圖案C（orange＆素麻）

素麻布	3.5×3.5cm	1
配色布a	3.5×2.5cm	橘色花×2
配色布b	5.5×2.5cm	橘色花×4
配色布c	7.5×2.5cm	素麻×2、橘色花×2
配色布d	9.5×2.5cm	素麻×2、橘色花×2
配色布e	11.5×2.5cm	素麻×2

圖案D（blue＆素麻）

藍色布	3.5×3.5cm	1
配色布a	3.5×2.5cm	素麻×1、藍色×1
配色布b	5.5×2.5cm	素麻×2、藍色×2
配色布c	7.5×2.5cm	素麻×2、藍色×2
配色布d	9.5×2.5cm	素麻×2、藍色×2
配色布e	11.5×2.5cm	素麻×1、藍色×1

※以上數字尺寸均已含0.7cm縫份。

Profile

王鳳儀

本身從事貿易工作，利用閒暇時間學習拼布手作，2011 年取得日本手藝普及協會手縫講師資格。並於 2014 年取得日本手藝普及協會機縫講師資格。

拼布手作對我而言是一種心靈的饗宴，將各種形式顏色的布塊，拼接出一件件獨一無二的作品，這種滿足與喜悅的感覺，只有置身其中才能體會。享受著輕柔悅耳的音樂在空氣中流轉，這一刻完全屬於自己的寧靜，是一種幸福的滋味。

J.W.Handy Workshop

J.W.Handy Workshop 是我的小小舞台，在這裡有我一路走來的點點滴滴。
部落格 http://juliew168.pixnet.net/blog
臉書粉絲專頁 https://www.facebook.com/pages/JW-Handy-Workshop/156282414460019

How To Make

7 裁剪11.5×11.5cm的美國棉和
後背布（素麻）各1片。

8 拼接好的圖案布A與後背布正
面相對，最下方放上美國棉。

9 四周車縫0.7cm一圈，一邊留約
5cm的返口，並修剪鋪棉與縫
份，小心不可剪到車縫線。

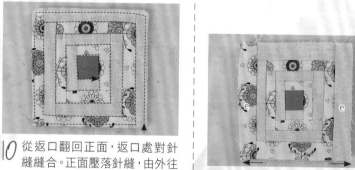

10 從返口翻回正面，返口處對針
縫縫合。正面壓落針縫，由外往
內壓線，完成。

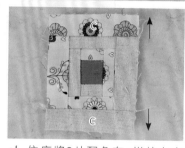

4 依序將2片配色布c拼接左右
邊，另2片拼接上下邊。

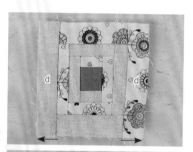

5 取配色布d拼接左右邊，另2片
拼接上下邊。

6 最後取2片配色布e拼接左右
邊。

★ 拼接 A 圖案

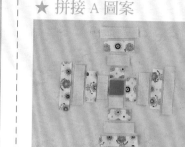

1 先將要拼接的圖排列出來，避
免拼錯。

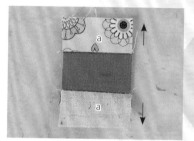

2 從中間開始拼接，藍色布上下邊
與2片配色布a車縫。縫份往上
下倒。

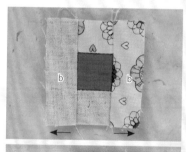

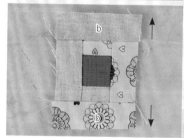

3 取2片配色布b先拼接左右邊。
再取2片拼接上下邊。
＊縫份皆往外倒燙平。

12

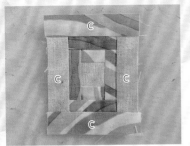

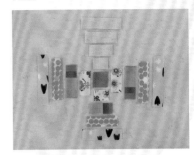

★ 拼接 B 圖案

※同圖案A的拼接順序，依序拼接完成。

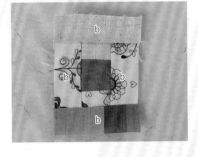

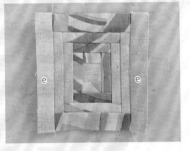

★ 拼接 C 圖案

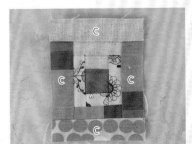

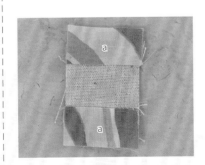

★ 拼接 D 圖案

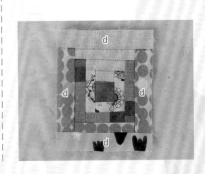

縫紉小工具刺繡三件組

運用基礎的刺繡技巧搭配上縫紉小工具的圖案設計，

是不是讓這些小東西們更可愛了呢？

棉麻布 X 紅藍白黑基本色調，就是這麼簡單又好看。

製作示範／游嘉茜
編輯／兔吉
成品攝影／蕭維剛
完成尺寸／胸針 直徑 4cm、針包 直徑 12cm、束口袋 長 23cm × 寬 22cm
難易度／🔘🔘

Profile

游嘉茜

日本香蘭女子短期大學服裝設計系畢業
日本手藝普及協會手縫指導員
NO.185 拼布手藝通信雜誌 Modern block
design contest 設計比賽 -original 部門作品刊
登
想要做出屬於自己喜歡的「可愛糖果色系」的
拼布風格，加上也喜歡各式可愛雜貨，就跟妹
妹一起開設了「Quilt Pink 雜貨 拼布手作教室」
至今。

Quilt Pink 雜貨 拼布手作
店址：台北市士林區大東路 120 號 2 樓
電話：02-2883-3940
FB 搜尋：Quilt Pink 雜貨 拼布手作
QP 小舖：https://shopee.tw/quilt_daisuki

［基礎刺繡介紹］

刺繡工具：繡框、刺繡針、DMC 繡線（色號 304、803、310 、ECRC）、水消筆、布用複寫紙、針筆、紙膠帶。

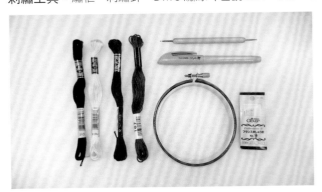
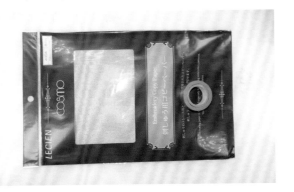

如何使用布用複寫紙：

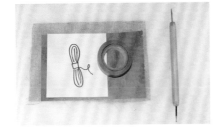

Ø3　複寫圖案完成。

Ø2　將布料與布用複寫紙兩者正面相對，接著將圖案放在上方（可用紙膠帶固定），用針筆沿著圖案的輪廓描繪。

Ø1　準備好以下工具：布料、布用複寫紙、紙膠帶、針筆、圖案。

本篇用到的刺繡技法如下：

【平針繡】

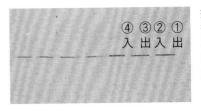

④　③　②　①
入　出　入　出

針從①的位置穿出，從②的位置穿入，再從③的位置穿出，重複入針與出針的動作即可完成。

【輪廓繡】

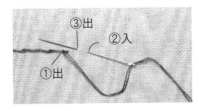

③出
②入
①出

從①的位置穿出，②的位置穿入，再從③的位置穿出。重複入針與出針的動作即可完成。

【十字繡】

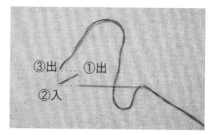

01　從①的位置穿出，②的位置穿入，再從③的位置穿出，完成一條。

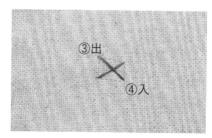

02　下一條從④的位置穿入，完成。

【緞面繡】

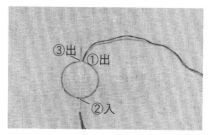

01　從圖案的中心①的位置穿出，接著往②的位置穿入，接著再從③的位置穿出，完成一條。

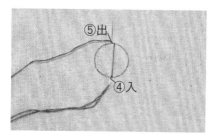

02　從④的位置穿入，記得都要從上一條繡好的線旁邊入針再出針。

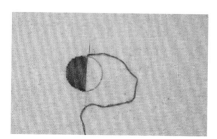

03　以此類推將圖案的左半邊填滿，接著再回到中心①的位置將右半邊刺繡完成。

【毛邊繡】

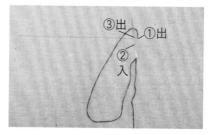

01　從圖案的邊緣①的位置穿出，如圖將線放在針的左側，接著將針拉起並從下方②的位置穿入，再從正上方③的位置穿出。

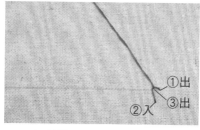

02　把線拉緊，完成一個毛邊繡。

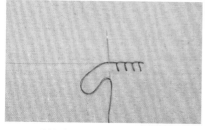

03　重複步驟 1~2 的動作完成。

【鎖鏈繡】

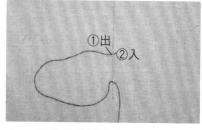

01　從①的位置穿出，接著在他隔壁②的位置穿入（請留意②的位置要靠近①的針腳）。

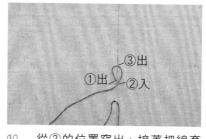

02　從③的位置穿出，接著把線套在針上。

03　往上方出針並將線稍微拉緊。

【結粒繡】

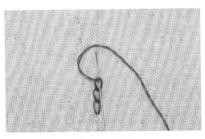

Ø4　重複步驟 1~3 完成。

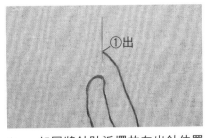

Ø1　如圖將針貼近擺放在出針位置的旁邊。

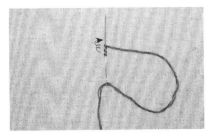

Ø2　將線繞在針上約兩到三圈。

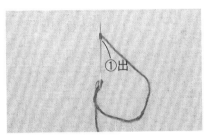

Ø3　把針往下移，讓線圈靠近針的尖端並拉緊。

Ø4　將針立起從步驟 1 出針的位置旁邊穿入。

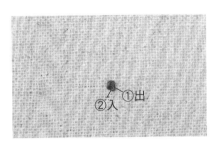

Ø5　完成（記得在背面打結不要讓線圈鬆開）。

※ 本篇示範作品皆採用兩股繡線。

（一）胸針

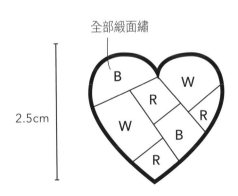

全部緞面繡

2.5cm

材料（1 件的用量）：

· 棉麻布（表布用）：8X8cm（請外加縫份 1cm）1 片
· 紅色格紋布（裡布用）：8X8cm（請外加縫份 1cm）1 片
· 直徑 4cm 圓形白色硬質不織布 1 片
· 直徑 4cm 塑膠包釦 1 個
· 2.5cm 別針 1 個
· 裝飾配件：2.5cm 裝飾小剪刀 1 個、直徑 0.3cm 黃色透明珠子 1 個、1.5cm 流蘇 1 個

※ 刺繡圖案請參考雜誌所附的紙型 A 面。

Ø1 用水消筆在表布上畫好圖案並進行刺繡。

Ø2 裁剪表布的周圍並手縫裝飾用小剪刀與流蘇。

Ø3 將表布沿邊縮縫一圈。

鎖鏈繡

Ø4 將塑膠包釦塞入表布內,把線拉緊並打結。

Ø5 取白色不織布放在裡布上,沿邊縮縫一圈。

Ø6 手縫上別針。

Ø7 將表布與裡布兩者背面相對疊合,捲針縫縫合固定。

Ø8 完成。

(二)針包

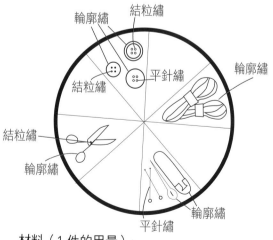

輪廓繡　結粒繡　結粒繡　平針繡　輪廓繡　結粒繡　結粒繡　輪廓繡　平針繡　輪廓繡

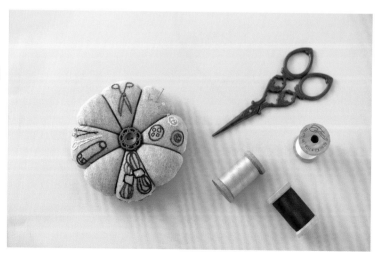

材料(1件的用量):

· 棉麻布(表布 A 用):16X16cm(請外加縫份 1cm)1 片
· 紅色格紋布(表布 B 用):16X16cm(請外加縫份 1cm)1 片
· 裝飾配件:直徑 2cm 圓形鈕釦 1 個、直徑 0.3cm 黃色透明珠子 2 個

※ 刺繡圖案請參考雜誌所附的紙型 A 面。

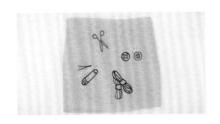

01　用水消筆在表布 A 上畫好圖案並進行刺繡，繡好縫上裝飾珠子。

02　將表布 A 與表布 B 正面相對疊合，預留返口後車縫一圈。（註：為了讓讀者看清楚特別將表布 B 裁剪較大尺寸，實際製作時請按照正確尺寸裁布即可）。

03　預留縫份 0.5cm 後沿邊將圖形剪下。

04　從返口翻回正面，依個人喜好塞入適量棉花，塞好後以藏針縫縫合返口。

05　沿著記號線手縫裝飾線（記得要拉緊），接著於中心處縫上鈕釦，完成。

（三）束口袋

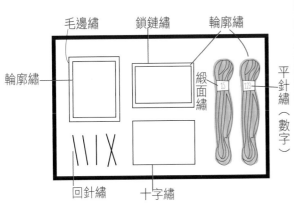

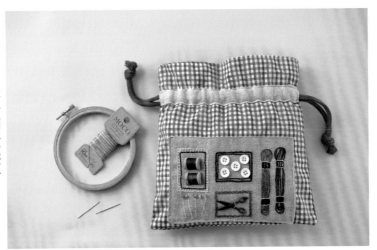

材料（1 件的用量）：

· 棉麻布（表布 A、束口布用）：17X11cm（請外加縫份 1cm）2 片、27X2.5cm 1 片（請剪成兩段）
· 紅色格紋布（表布 B、裡布用）：22X23cm（請外加縫份 1cm）4 片
· 束口繩 140cm（請剪成兩段）
· 裝飾配件：直徑 0.3cm 黃色透明珠子 5 個、直徑 1.2cm 圓形鈕釦 5 個、2cm 木頭線軸 2 個

※ 刺繡圖案請參考雜誌所附的紙型 A 面。

Ø1　用水消筆在表布 A 上畫好圖案並進行刺繡。

Ø2　將兩片表布 A 正面相對疊合，預留返口後車縫，記得於四個角落修剪牙口。

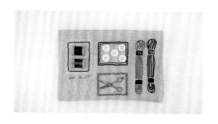

Ø3　從返口翻回正面並用熨斗燙平，接著縫上裝飾配件，返口記得用藏針縫縫合。

Ø4　找出表布 B 從布料下邊往內 2cm 的位置，接著把表布 A 疊上去後車縫固定。

Ø5　將束口布左右各往內摺 1.5cm 後車縫（請注意只要先車縫束口布就好）。

1.5cm

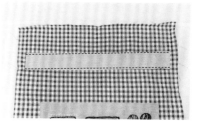

Ø6　接著將束口布如圖擺放在表布 B 上，車縫兩長邊，完成表布 B 前片。

Ø7　按照步驟 5~6 的作法，製作表布 B 後片。

Ø8　將兩片表布 B 正面相對，車縫三邊，完成束口袋表袋身。

返口

Ø9　將兩片裡袋身正面相對，預留返口後車縫三邊。

1Ø　將束口袋表袋身套入裡袋身內，兩者正面相對，車縫一圈固定。

11　修剪四個角落的縫份。

12　從返口翻回正面，整理好袋型並用熨斗整燙，在袋口處車縫裝飾線一圈。

13　將束口繩從束口布的洞口內穿入，記得藏針縫縫合裡袋身內的返口，完成。

大小自由變化包

將包款隨心所欲的變化樣貌與背法，
像擁有兩款包一樣，還可摺起收納。

Lemon

蕾夢
二用巧摺包

製作示範／紅豆‧林敬惠

編輯／Forig

成品攝影／張詣

完成尺寸／寬35cm×高34cm（手提不含提把）

高22.5cm（斜背）×底寬9cm（展

開後13.5cm）

難易度／ ★★★★★

輕盈的肯尼布為主素材，粉嫩的色系搭配上童趣的圖案布，有一種被療癒的幸福感。袋底可開合的拉鍊設計，除了可以調整底寬大小，更讓袋型線條漂亮有型。好背好裝又輕巧，可隨心手提或斜側背使用，還能輕鬆摺合好收納，絕對是隨身便利的實用包款。

Materials　紙型A面

用布量：
主布：約1.5尺
圖案配色布：約1.5尺
裡布：約50×70cm×1片

其它配件：
2.5cm織帶約242cm（①51cm×2條
+②140cm×1條）、2cm D環×2個、
2.5cm日環×1個、2.5cm鉤環×2個、
15cm拉鍊×1條、20吋雙頭5V定时拉
鍊×1條、鬆緊繩14cm、裝飾包釦×1
個、連接皮片（1.9×13cm）×2組、
撞釘磁釦×2組、2.5cm束尾夾×2個、
水溶性膠帶、鉚釘數組。

裁布與燙襯：
※本次示範作品袋型主體使用肯尼布與尼龍布，均不燙襯。
※版型為實版，縫份請外加。數字尺寸已內含縫份0.7cm，
後方數字為直布紋。

部位名稱		尺寸	數量
主布（肯尼布）	袋身（表）	紙型A	2
	側身（表）	10.5×66.5cm	1
	拉鍊貼邊布	5×56cm	1
	拉鍊夾層布	紙型C	1
	袋身上片（表）	36.5×13.5cm	2
	掛耳布	4×4 cm	2
配色布（圖案棉布）	袋身上片（裡）	36.5×13.5cm	2
	袋身裝飾布	28×9cm	1
	織帶裝飾布①	3.5×51cm	1
	織帶裝飾布②	3.5×140cm	1
	拉鍊口袋布	18×40cm	1
裡布（尼龍布）	袋身（裡）	紙型A	2
	側身（裡）	紙型B	1

紅豆・林敬惠

師承一個小袋子工作室-李依宸老師，從基礎到包款打版，注重細節與
實作應用，開啟了手作包創作的任意門。
愛玩手作，恣意揮灑著一份熱情與天馬行空的創意，著迷於完成作品
時的那一份感動，樂此不疲！
2013年起不定期受邀為《Cotton Life玩布生活》手作雜誌，主題作品
設計與示範教學。
2018年與李依宸合著有《1+1幸福成雙手作包》一書。

紅豆私房手作
http://redbean5858.pixnet.net/blog

8 裝飾布向下翻折後，沿邊壓裝飾固定線。

4 另一側亦同，共完成二片。

製作表袋上片

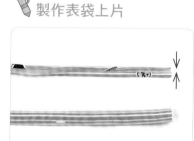

1 取織帶裝飾布①，向內拗折整燙後，車縫固定於2.5cm寬，長約51cm的織帶上，共完成二條。

9 依袋身(A)的大小將多餘的裝飾布修掉，並沿邊將裝飾布與袋身疏縫固定。完成前表袋。

5 將二片表袋身上片正面相對，兩側的脇邊車縫接合備用。

製作前後表袋身

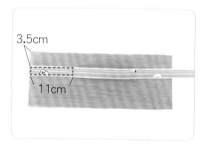
3.5cm
11cm

2 將步驟1完成的織帶，車縫在表袋身上片，如圖距袋口3.5cm處，車縫一個11cm的矩形固定。

10 取另一片表袋身(A)，依步驟7～9將裝飾布車縫固定在下方。完成後表袋。

7cm

6 於表袋身(A)距袋底7cm處做出記號線，取14cm的鬆緊繩對折，車縫固定在記號線中心位置。

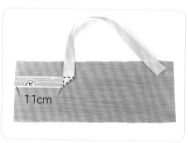
11cm

3 將織帶沿著止縫線，往袋口翻折成三角形，並沿著三角形車縫固定。（建議車2次加強固定）

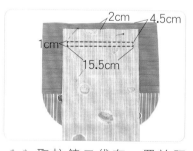
2cm 4.5cm
1cm
15.5cm

11 取拉鍊口袋布，置於距布邊2cm與後表袋身正面相對，依圖示位置車縫15.5×1cm的一字拉鍊方框。

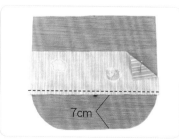
7cm

7 取袋身裝飾布置於記號線上，與袋身正面相對並車縫固定。

大小自由
變化包

21 翻回正面，於拉鍊打開的狀況下，沿拉鍊方框壓線一圈，完成表側身拉鍊夾層。

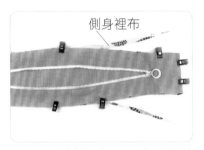

側身裡布

22 取側身裡布(B)，依展開後的表側身（步驟21）大小為依據，將多餘的裡側身(B)修剪掉備用。
※可使用珠針、強力夾，或是放大針距將表、裡側身以沿邊疏縫的方式，先暫時固定，順修後再將疏縫線拆掉。

 組合表袋

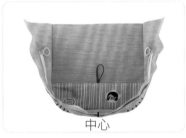

中心

23 取一片表袋身(A)與步驟21的表側身，中心點相對車縫接合，圓弧處請剪牙口。

16 方框內剪雙頭Y字線。

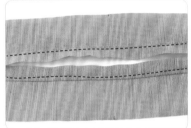

17 縫份倒向貼邊布，沿兩長邊壓線。

18 將貼邊布由方框翻至表側身後方，並將拉鍊以水溶性膠帶固定在方框下方。

19 拉鍊夾層布正面的四周貼上水溶性膠帶備用。

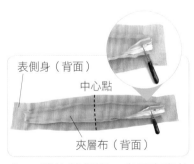

表側身（背面）
中心點
夾層布（背面）

20 將拉鍊打開，夾層布與拉鍊的中心點相對，將拉鍊沿著拉鍊夾層布的邊緣相貼合，將夾層布固定上去。（拉鍊一定要打開）

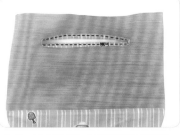

12 拉鍊框中心剪雙頭Y字線，縫份倒向口袋布，沿口袋布兩長邊壓線。

13 口袋布由拉鍊框翻到表布後方，將15cm拉鍊置於拉鍊框後方，先車縫固定下方。
※為避免影響摺合，拉鍊長度不宜加長。

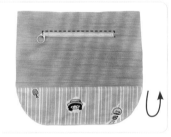

14 接著將口袋布向上對摺，於正面車縫拉鍊框ㄇ型邊，並車縫口袋布兩側，完成拉鍊口袋。

 製作表側身拉鍊夾層

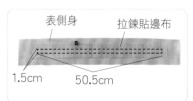

表側身　　　　拉鍊貼邊布

1.5cm　　50.5cm

15 拉鍊貼邊布置中與表側身正面相對，於中心位置畫出50.5×1.5cm的方框，沿方框車縫固定。

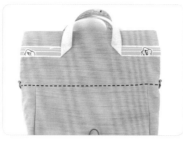

24 另一側亦同。

32 將步驟29的裡上片與步驟31的裡袋身，正面相對並對齊中心點車縫組合。

28 翻回正面，縫份倒向袋身，沿邊壓線一圈。完成表袋。

製作與組合裡袋

33 翻回正面，縫份倒向裡袋身，沿邊壓線一圈。

29 二片袋身上片（裡）正面相對，車縫兩脇邊備用。

25 取掛耳布的背面兩側向中間拗折，於正面的兩側壓線，共完成二個。

組合表裡袋

中心

30 取一片裡袋身(A)與步驟22的裡側身，中心點相對車縫接合，圓弧處請剪牙口。

中心

26 掛耳布套入2cm D環，疏縫固定於表側身的中間位置，共兩側。

34 將表、裡袋正面相對，中心點相對沿袋口車縫組合。（如強力夾處）

返口

35 由裡袋返口翻回正面，沿袋口壓線一圈。

31 另一側亦同，並預留一段返口。

27 再取步驟5完成的表袋上片，與表袋身正面相對，並對齊中心點位置車縫組合。

40 於袋口的提把中心位置安裝連接皮片，並縫合裡袋返口，完成。

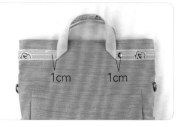

36 距織帶兩側翻折處邊緣1cm位置，安裝撞釘磁釦。除了有袋口閉合的功能，還可藉此將袋口的表、裡布相固定。

step3

將袋底往上折約1/3。

37 打開示意圖，共完成2組。

輕鬆收摺步驟

step1

有拉鍊的那一面（後表袋）朝上。

step4

再往上翻折一次。

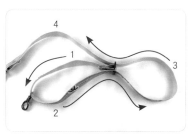

38 距袋口中心約5cm的地方，縫上裝飾包釦。

step5

將鬆緊繩套入前表袋的裝飾包釦，OK！

step2

左右向中間折合。

39 將織帶裝飾布②車縫固定於140cm的織帶上，將織帶的一端先套入日型環，尾端夾上束尾夾後，以鉚釘固定。再依圖示分別穿入鉤環和日型環，尾端再套入鉤環並夾上束尾夾後，以鉚釘固定，完成可調式側背帶。

Lady

百變女郎
雙面包

包款自然形成的皺摺與形狀，沒有一定的樣貌，雙面的背法與配色呈現出兩種不同的款式，摺疊收納也不佔空間。輕巧迷人，像一位充滿魅力身段柔軟的百變女郎，你抓的住她嗎？

製作示範／古依立　編輯／Forig　成品攝影／詹建華

完成尺寸／手提、肩背：約寬28cm×高28cm×底寬15cm（高度不含持手）

後背：約寬26cm×高46cm×底寬15cm

難易度／ ★ ★ ★

Materials

用布量：
表布：表布2色（A厚傘布：2尺／B厚傘布：3尺）

其它配件：
45cm＃4雙面碼裝塑鋼拉鍊1條，
20cm＃3塑鋼拉鍊2條、3.8cm織帶4
尺、2.5cmPP織帶5尺，2cmPP織帶4
尺、2cm插釦2個、2cm鬆緊帶30cm長
1條，2cm包邊帶7尺。

裁布：
※以下尺寸皆已含縫份0.7cm。

部位名稱		尺寸	數量
A厚傘布（紅色）手提／肩背	F1表袋身	110cm×60cm	1
	F2織帶擋布	15cm×5cm	4
	F3拉鍊擋布	3cm×17cm	1
B厚傘布（迷彩）後背	F4表袋身	110cm×60cm	1
	F5一字拉鍊口袋裡布	25cm×25cm	2
	F6拉鍊擋布	3cm×17cm	1

Profile **古依立**

就是喜歡！就是愛亂搞怪！雖然不是相關科系畢
業，一路從無師自通的手縫拼布到臺灣喜佳的才藝
副店長，就是憑著這股玩樂的思維，非常認真地玩
了將近20年的光景，生活就是要開心為人生目標。
合著有：《機縫製造！型男專用手作包》、
《型男專用手作包2：隨身有型男用包》

依秭工作室
新竹縣湖口鄉光復東路315號2樓
0988544688
FB搜尋：「型男專用手作包」、依秭工作室/古依立

9 取20cm拉鍊與一字拉鍊布料正面相對。

10 翻至背面依記號線車縫固定。

11 拉鍊另一側與另一側布邊對齊。

12 依記號線車縫固定。

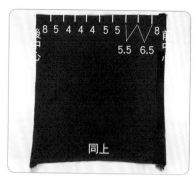

8 5 4 4 4 4 5 5 8
5.5 6.5
同上

5 依圖示由後中心點畫出記號線。（上下／兩側皆需畫出）

製作B袋身

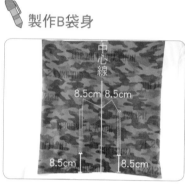

中心線
8.5cm 8.5cm
8.5cm 8.5cm

6 依圖示位置於F4表袋身背面畫出20cm一字拉鍊位置（1.2×20.5cm）。

7 將一字拉鍊中心（Y字記號線）剪開。

布料背面 正面

8 將上／下三角縫份先行反折。再將布料依圖示位置擺放。

How to make

製作A袋身

1 取F2織帶擋布於5cm處背面反折1cm並車縫0.7cm固定線，共4片。

3.5cm

2 將背面朝上車縫F1表袋身四角處，依圖示位置（布邊進來3.5cm）。

3 翻回正面兩側壓線0.2cm。

4 取2.5cm織帶剪2條60cm長，分別穿入兩側上下織帶擋布，兩端疏縫固定。

30

20 取2.5cmPP織帶剪55cm長置於記號線上車縫固定。

21 完成另一側,車縫方式同上作法。

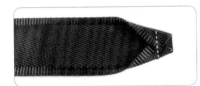

22 取3.8cm織帶剪55cm長,其一側將兩邊反折(如圖示),車縫固定。

23 取2cmPP織帶剪10cm長,套入2cm插釦,兩端各反折1cm。

24 對折夾車3.8cm織帶。

17 依中心線往左側8cm處畫出記號線。

18 剪60cm長包邊帶右側對齊8cm線條,依圖示車縫固定線。

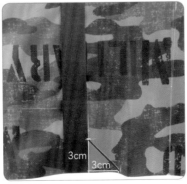

19 底部依圖示畫出記號線。

13 車縫好後正面與背面示意圖。

14 於正面(靠外側處)壓線0.2cm。

15 再翻回背面,取一片F5口袋裡布25×25cm(背面朝上)重疊於背面,布邊與拉鍊邊對齊。

16 正面依圖示記號車縫固定線。

33 翻回正面壓線0.2cm固定。

34 另一側車縫方式同上。

35 翻回A袋身，上／下中心點及布邊對齊固定。

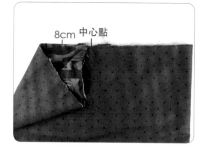

36 翻出B袋身8cm（山折線）記號點。

29 取F3及F6拉鍊擋布夾車45cm拉鍊尾端，並翻回正面兩側疏縫。

30 取3.8cm織帶剪6cm長，對折置於袋身60cm處（往下2cm）疏縫固定。

31 將45cm拉鍊置於袋身60cm處。

32 取A袋身與B袋身正面相對夾車45cm拉鍊。

25 同作法完成另一條。

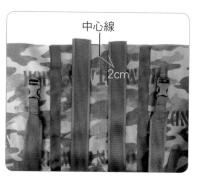

中心線
2cm

26 將織帶分別疏縫於袋身上方後中心點兩側各2cm處。

27 剪25cm長的2cmPP織帶，置於上方疏縫固定。

28 袋底2cm織帶套入插釦固定。

45 另一側包邊作法同上，需將30cm長的鬆緊帶對折置入中心處一併車縫固定，即完成。

41 同作法完成另一側車縫。

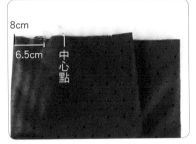

8cm
6.5cm 中心點

37 於8cm處將其反折。

42 另一邊的作法也同上車縫完成。

5.5cm山折線
中心點

38 再於6.5cm（谷折線）反折於5.5cm山折線。

43 布邊以2cm包邊帶包覆車縫固定。

39 以此類推完成（山／谷）線折。

44 包邊車縫好的樣子。

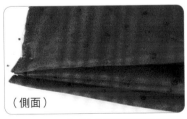

（側面）

（正面）

40 車縫好後側面和正面示意圖。

England

英倫風雙用包

製作示範／黛西　編輯／Molly　成品攝影／詹建華

完成尺寸／（肩背）寬27cm×高23cm×底寬5cm

（後背）寬27cm×高40cm×底寬12cm（拉鍊拉開）

難易度／★★★

肩包與背包的2-way實用包款，以耐用的帆布為主素材，運用色彩鮮明的英倫風元素，吸睛經典！很適合喜歡輕便外出的你，不僅肩背亮麗，後背更是擁有大容量的便利，好看、好背又好裝！

大小自由
變化包

Materials　紙型B面

用布量：
藍色帆布寬3×長3尺、紅色帆布寬3×長3尺、
白色帆布寬2.5×長1尺、裡布寬 3×長3尺、
厚布襯寬 3×長3尺

裁布與燙襯：
※版型為實版，縫份請外加。數字尺寸已含縫份1cm，包邊部位含3cm。

部位名稱		尺寸	數量
主布 白色帆布	小包袋蓋前後片	紙型	2片, 燙厚布襯
主布 紅色帆布	小包袋身前後片 （表裡）	紙型	4片, 燙厚布襯
	小包內部口袋 （視個人需求）	紙型折雙	1片, 燙半襯
	側邊條表布	6×76.8 cm(含縫份)	1片, 燙厚布襯
	側邊條裡布	10×76.8 cm (含左右包邊縫份3cm)	1片, 燙厚布襯
主布 藍色帆布	大袋前後片	紙型	2片, 袋緣燙襯 4×24.5cm
	大袋後片口袋	紙型折雙	1片, 燙半襯
	側邊條表布	14×112.8 cm(含縫份)	1片, 袋緣燙襯 4×12cm
	三角形吊耳	紙型	4片, 燙厚布襯
	吊耳布	8×9cm(含縫份)	2片
裡布 （綠色）	大袋前後片	紙型	2片
	側邊條裡布	18×112.8 cm （含左右包邊縫份3cm）	1片

Profile
宋淑慧（黛西）

一開始愛上手縫娃娃，這可能
跟小時候物質匱乏有關吧。愛
上，就停不下來了！
從布娃娃、布包到衣服，一做
就是11年，迷人的程度比讀書
還開心呢～
經歷：
2007年 日本手藝普及協會本
科證書
2007年 日本手藝普及協會高
等科證書
2011年 台灣喜佳時尚名媛進
階證書
著有：《多功能百變造型包》

網站：https://www.facebook.
com/joeanyta

其它配件：
74cm夾克拉鍊×1條、2.5cm調整環×2只、2.5cm掛勾×2只、2.5 D環×2只、內
徑 2.5cm拱橋五金×2組、內徑 2.3cm金屬夾×2組、2.5cm合成皮下片+D環×2組、
1.5cm手縫磁釦×2組、3cm調整環×1只、3cm掛勾×2只、15mm四合釦×5組、外
徑24mm雞眼×8組、3cm紅色織帶120cm×1條、2.5cm米色織帶172cm×1條。※
合成皮18.5×8cm×1片(可以改用布料)、2cm的三色織帶2尺長(這是小包前的磁釦
帶，可用現成，也可以自己車)。

9 紅色小包的袋身，2片上緣先車縫翻回，並疏縫U邊。

10 袋身跟側邊條車縫包邊備用。

🔖 製作藍色大袋

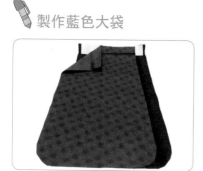

11 藍色大袋表布與裡布先車袋緣，2份。

12 翻回正面疏縫U型處。

5 製作紅色小包內部口袋(視個人需求)。

6 紅色小包內部口袋跟紅色裡布疏縫起來備用。

7 拿起紅色側邊條表布與裡布頭尾先車縫。

8 翻回正面後，疏縫長的上下邊，多3cm布料是包邊用。

🔖 How to make

🔖 製作紅色小包

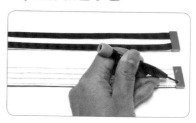

1 取2cm的三色織帶(也可依個人需求自己車，或買現成的貼縫在白色帆布上)，裁成2×22cm×2條(多餘最後會剪掉)，並鎖上金屬夾。

2 小包袋蓋前片，先用拱橋五金固定，並疏縫上端。

3 將小包袋蓋前後2片覆蓋車縫U邊。

4 翻回正面沿邊壓0.7cm的線。

36

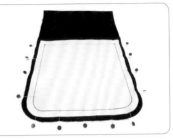

13 取紅色小袋布×1片,跟其中1份按紙型上的記號車一圈。

20 組合步驟18與19。

17 與步驟14的有車縫拉鍊的大袋及三角型吊耳組合。

14 將夾克拉鍊的另一邊車縫固定好。
※車拉鍊一定要從中心開始往左右兩邊車。

21 將多餘的布包邊。

🧷 組合紅色小包與藍色大袋

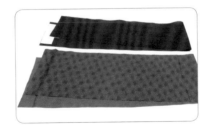

18 取白色袋蓋與步驟6跟步驟14,夾車紅色布的袋緣。

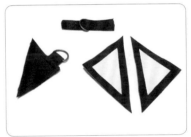

15 吊耳布8×9cm(含縫份)×2片折成4折車成條,套上2.5cm的D環跟三角型吊耳夾車備用。

22 取步驟8組合紅色小袋。

19 將藍色大袋側邊布,跟綠色側邊布頭尾夾車翻回,疏縫較長的上下兩邊。

16 藍色口袋布折雙燙半襯。

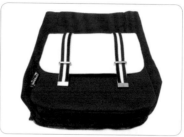

27 翻回正面。

23 車縫3cm的包邊。

30 縫上磁釦公母。

28 大袋口敲上雞眼8組。

24 翻回正面紅色小包整個完成。

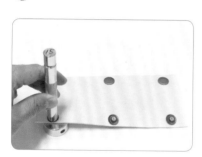

31 取合成皮18.5×8cm×1片按照紙型打洞,並敲上四合釦。

29 紅色小包側邊敲上合成皮下片+D環2組。

25 取步驟17的大袋後片跟步驟24組合。

32 2.5cm的織帶先穿進雞眼,按照個人需求將織帶左右2邊折車約18cm。

26 多餘3cm的布包邊。

輕鬆收納折法
後背包變肩包

step 1
後背包正面。

step 2
解開後背包背面背帶。

step 3
背帶摺好。

step 4
吊耳收進拉鍊內部。

step 5
連同合成皮與織帶收進袋中。

step 6

正面

反面

完成囉~肩包正面與背面
示意圖。

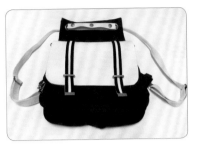

33 套上調整環並車好掛勾。

34 袋緣跟後口袋敲上四合
釦。

35 將3cm的織帶套上調整環
車好掛勾。

花開的季節
親子裝

春天到來象徵新的開始，一切又充滿希望，在這百花齊開的季節裡，和最親愛的寶貝一起穿上充滿朝氣的親子裝出門遊玩吧！盡情感受著春日帶來的舒適與溫度。

製作示範／Meny　編輯／Forig　成品攝影／張詣
完成尺寸／大人：上衣長70cm（Size：S）　小孩：洋裝長54cm（Size：110）
難易度／

大人樣衣及紙板尺寸為S

衣長	70cm
肩寬	35cm
袖圍	58cm
袖長	20cm

小孩樣衣及紙板尺寸為110

衣長	54cm
肩寬	27cm
袖圍	43.5cm

Materials　　紙型A面

（大人）蕾絲袖上衣

用布量：
主色布5尺、
蕾絲布2尺。

裁布：
※以下紙型未含縫份。
※縫份留法：皆留1cm縫份。

	部位名稱	尺寸	數量
主色布	前身片	紙型	1
	後身片	紙型	1
	前領貼邊	紙型	1（燙薄襯）
	後領貼邊	紙型	1（燙薄襯）
	袖片（上）	紙型	2
蕾絲布	前下襬	紙型	1
	後下襬	紙型	1
	袖口（下）	紙型	2

（小孩）無袖洋裝

用布量：
主色布4尺。

裁布：
※以下紙型未含縫份，數字尺寸已含縫份。
※縫份留法：前、後裙下片下襬處留3cm，其餘皆留1cm縫份。

	部位名稱	尺寸	數量
主色布	前身上片	紙型	1
	前裙下片	紙型	1
	後身上片	紙型	2
	後裙下片	紙型	1
	前領貼邊	紙型	1
	滾邊條	3.5×45cm	1
薄布襯	前領貼邊襯	紙型	1（不需縫份）
	後領貼邊襯	紙型	1（不需縫份）

其它配件：實心面五抓釦×2組。

Elna

公司名稱：愛爾娜國際有限公司

電話：02-27031914
經營業務：
日本車樂美Janome縫衣機代理商
無毒染劑拼布專用布料進口商
縫紉週邊工具、線材研發製造商
簽約企業縫紉手作課程教學
縫紉手作教室創業、加盟

信義直營教室：
台北市大安區信義路四段30巷6號（大安捷運站旁）
Tel：02-27031914　Fax：02-27031913
師大直營教室：
台北市大安區師大路93巷11號（台電大樓捷運站旁）
Tel：02-23661031　Fax：02-23661006
作者：Meny
經歷：愛爾娜國際有限公司商品行銷部資深經理
　　　簽約企業手作、縫紉外課講師
　　　縫紉手作教室創業加盟教育訓練講師
　　　永豐商業銀行ＶＩＰ客戶手作講師
　　　布藝漾國際有限公司手作出版事業部總監

組合衣身

9 取前、後身片和前、後領貼邊，依圖示肩線處拷克。

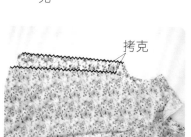

10 前、後衣身的兩側脇邊處先分別拷克好。

11 再對齊車縫固定，並將縫份燙開。

製作袖子

12 取蕾絲袖口片對折，如圖示車縫固定。

5 同上作法完成後身片和後領貼邊的車縫。

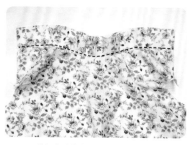

6 將車縫好的前貼邊翻回正面，縫份倒上，沿邊壓線固定。

7 同作法完成後貼邊的壓線。

8 再將前、後貼邊翻至衣身背面，並整燙好。

（大人）蕾絲袖上衣

製作前後領貼邊

1 取前、後身片和前、後領貼邊，依圖示肩線處拷克。

2 後身片對折，依記號車縫活褶並迴針。

3 褶份平均燙開，褶子上方領圍處疏縫固定。

4 取前身片和前領貼邊正面相對，領圍處對齊好車縫，縫份用鋸齒剪刀修剪出牙口。

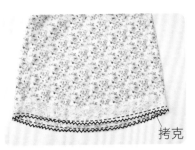

21 下襬蕾絲布與衣身下方正面相對，前後片分別對齊好，車縫一圈，並拷克。

拷克

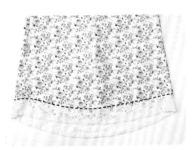

22 翻回正面，縫份倒向上方，沿邊壓線一圈固定。

拷克　車一小段固定

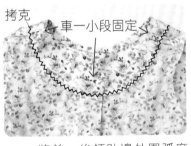

23 將前、後領貼邊外圍弧度處拷克。再將貼邊肩線與身片肩線縫份壓線固定，後中貼邊固定於褶份內，使領貼邊不會翻起。

24 翻回正面，整理好衣身即完成。

17 袖片上方圓弧處疏縫，並如圖抽皺出立體弧度。
※抽皺的目的是讓袖子接合時會更符合人體工學。

18 將袖子與衣身袖襱處正面相對，對齊好車合。

拷克

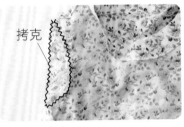

19 再將縫份處拷克一圈，共完成左右兩邊。

製作下襬

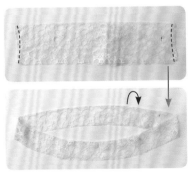

20 取前、後下襬蕾絲布，正面相對，兩邊車合。將縫份燙開後，下襬如圖示對折。

13 將縫份攤開，袖口片再對折。

14 取袖片與袖口片如圖示對齊好車合。

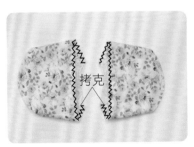

拷克

15 將縫份處拷克，共完成兩個袖子。

16 翻回正面，縫份倒向袖片，沿邊壓線固定。

組合衣身

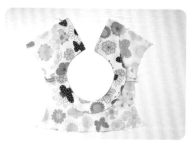

9 肩線縫份燙開，折燙好形成圖示。

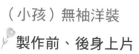

（小孩）無袖洋裝

製作前、後身上片

1 取前領貼邊和後身上片，如圖示位置燙上薄布襯。

5 將前上片翻回正面，縫份倒向前領貼邊，沿邊壓線固定。

10 將後身上片左右門襟重疊2.5cm並疏縫固定。

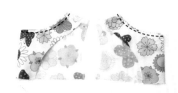

6 後身上片同作法壓線，因為有轉角，壓到不能壓線為止就好。

2 將前、後身上片和前領貼邊的肩線部位拷克。

製作前、後裙下片

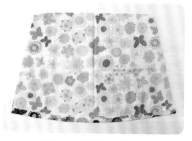

11 取前、後裙下片，下襬利用縫份燙板折燙1cm再折燙2cm。

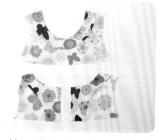

7 前、後上身如圖示翻摺好並整燙平整。

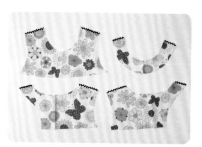

2 將前、後身上片和前領貼邊的肩線部位拷克。

3 取前身上片和前領貼邊正面相對，領圍處車縫，縫份用鋸齒剪刀剪牙口。

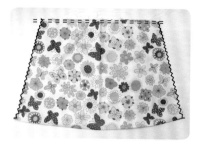

12 將兩側脇邊拷克。前、後裙下片上方縫份處疏縫0.5cm和0.7cm各一道，頭尾不迴針。

8 將前、後上身正面相對，肩線處對齊車合。

4 後身下片如圖示正面相對對折，車縫領圍處，縫份用鋸齒剪刀剪牙口，完成左右兩片。

44

🌸 車合下襬與固定貼邊

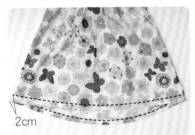

21 裙下片下襬處折燙好後沿邊車縫一圈固定，從正面看約壓2cm的距離。

2cm

車一小段固定

22 翻至背面，貼邊的肩線處與衣身的肩線處縫份固定一小段，以防止貼邊翻起。

23 翻回正面，後身門襟處依紙型位置釘上兩個實心五爪釦固定。

24 整理好衣身即完成。

🌸 製作袖襬滾邊

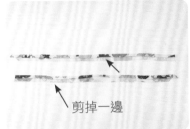

剪掉一邊

17 取滾邊條往中心折燙，再剪掉一邊的折燙線。

18 滾邊條與衣身袖襬圍正面相對車合，並用鋸齒剪刀剪牙口一圈。完成左右兩邊的袖襬圍。

19 翻回正面，縫份倒向滾邊條，並沿邊壓線。

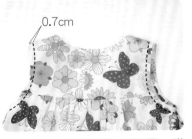

0.7cm

20 將滾邊條摺翻至裡面。沿邊壓線固定，從正面看約壓0.7cm的距離。完成左右兩邊的滾邊條車縫。

13 再分別抽皺與前、後身上片的下方接合處同寬。

🌸 組合上身片和下裙片

14 將前身上片與前裙下片正面相對，車縫固定並拷克。同作法完成後身上片與後裙下片的車合。

15 翻回正面，縫份倒向上方，沿邊壓線固定。

16 前、後下裙片正面相對，兩側脇邊對齊車合。

清新質感蕾絲
親子上衣

花朵圖案的蕾絲布料搭配上側邊的立體設計，讓衣身輕輕地、淡淡地搖擺著。也可以再加上蝴蝶結，不論是繫在身前或是繫在身後，都是一抹透明清新。

設計製作／Chloe　編輯／兔吉　成品攝影／張詣
模特兒／檸檬家族　完成尺寸／大人：M號、小孩：110cm
難易度／🌸🌸🌸

大人（尺寸：M）

衣寬	93cm
肩寬	36cm
袖長	18cm
全長	60cm

小孩（尺寸：110cm）

衣寬	68cm
肩寬	25cm
袖長	12cm
全長	42cm

Chloe

如果要説
有什麼可以在這個繽紛多彩的世界裡
留下感情與溫度的東西
那…一定是手作。

FB搜尋：HSIN Design

Materials 紙型C面

大人版上衣

材料：
蕾絲本布1碼（145cm寬）、裡布1碼。

裁布：
※以下紙型皆不含縫份，請額外依照備註另加縫份。若無特別備註，縫份皆為1cm。

	部位名稱	尺寸	數量	備註
蕾絲本布	前身片	紙型	1片	
	前側邊接片	紙型	2片（左右各1）	
	前三角接片	紙型	2片（左右各1）	下襬縫份 2cm
	後身片	紙型	1片	
	後側邊接片	紙型	2片（左右各1）	
	後三角接片	紙型	2片（左右各1）	
	袖片	紙型	2片（左右各1）	袖口縫份 2cm
純棉裡布	前裡身片	紙型	1片	下襬縫份 2cm
	後裡身片	紙型	1片	

小孩版上衣

材料：
蕾絲本布1碼（145cm寬）、裡布2呎、少量薄布襯、直徑1cm釦子1顆。

裁布：
※以下紙型皆不含縫份，請額外依照備註另加縫份。若無特別備註，縫份皆為1cm。

	部位名稱	尺寸	數量	備註
蕾絲本布	前身片	紙型	1片	
	前側邊接片	紙型	2片（左右各1）	
	前三角接片	紙型	2片（左右各1）	下襬縫份 2cm
	後身片	紙型	1片	
	後側邊接片	紙型	2片（左右各1）	
	後三角接片	紙型	2片（左右各1）	
	袖片	紙型	2片（左右各1）	袖口縫份 2cm
純棉裡布	前裡身片	紙型	1片	下襬縫份 2cm
	後裡身片	紙型	1片	
	腰帶	50X4cm	2片	縫份0.5cm

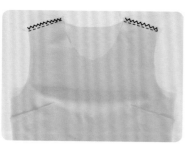

8 將前、後裡身片正面相對疊合，車縫肩膀處並拷克。

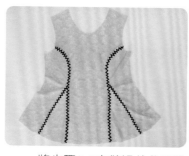

4 將步驟1~3車縫過的位置進行拷克。

1 將前身片與前側邊接片疊合擺放，依紙型標示從記號點車縫到止點為止。

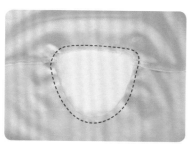

9 將表身片與裡身片兩者正面相對，車合領圈，車好將縫份修剪至0.5cm。

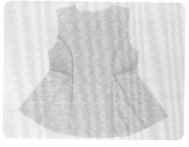

5 按照步驟1~4的作法製作後身片。

2 將前側邊接片先往上翻，接著拿出前三角接片與前身片車縫固定，注意從三角尖點開始車縫到底。

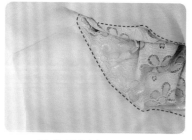

10 將縫份倒向裡身片，沿著邊緣0.1cm處車縫壓線。

6 將前、後身片正面相對疊合，車縫肩膀處並拷克。

3 把前側邊接片翻回來，對齊好前三角接片後車縫固定，一樣是從三角尖點開始車縫到底。

11 翻回正面，沿著領圈邊緣0.5cm處車縫壓線。

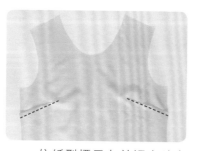

7 依紙型標示在前裡身片上畫好胸褶記號，接著將布料沿著記號線疊起後車縫。從身片脇邊處開始車，開頭要回針，尖點不回針，完成打褶。

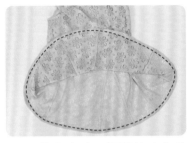

12 將表身片兩側脇邊處車縫固定後進行拷克。

13 將表身片下襬邊緣處先往內摺1cm，再往內摺1cm，用熨斗燙平後沿邊車縫0.1cm。

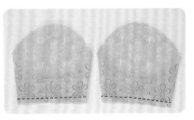

18 將袖片袖口處邊緣先往內摺1cm，再往內摺1cm，用熨斗整燙後沿邊車縫0.1cm。

16 將表身片與裡身片兩側的袖圈對齊好並疏縫一圈。

14 將裡身片兩側脇邊處車縫後進行拷克。

19 將袖片與袖圈兩者正面相對套合，對齊後車縫一圈，接著進行拷克。拷克完翻回正面，完成。

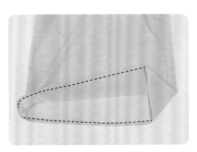

17 將袖片正面相對對摺，車合兩側脇下處，車好後進行拷克。

15 將裡身片下襬邊緣處先往內摺1cm，接著再往內摺1cm，用熨斗燙平後沿邊車縫0.1cm。

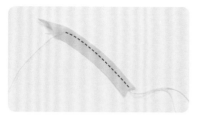

8 製作耳襻：準備一條正斜布條（1X5cm）對摺並沿著0.2cm處車縫。

9 準備好手縫針與線，如圖先於左邊打結。

10 接著以針尾那一端朝前，如圖從左側的洞口往右側穿過去。

11 將針抽出。

12 利用針將斜布條翻到正面，完成耳襻。

4 將步驟1~3車縫過的位置進行拷克。

5 按照步驟1~4的作法製作前身片。

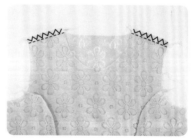

6 將前、後身片正面相對疊合，車縫肩膀處並拷克。

7 依紙型標示先在後裡身片上畫好開水滴的記號位置，接著在記號位置上燙上直布襯（1X12cm）。

♣（小孩）蕾絲袖上衣

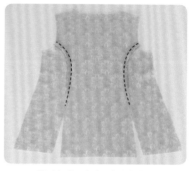

1 將後身片與後側邊接片疊合擺放，依紙型標示從記號點車縫到止點為止。

2 將後側邊接片先往上翻，接著把後三角接片與後身片車縫固定，注意從三角尖點開始車縫到尾端。

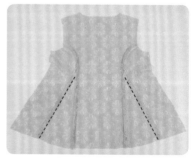

3 把後側邊接片翻回來，對齊好後三角接片後車縫固定，一樣從三角尖點開始車縫到底。

50

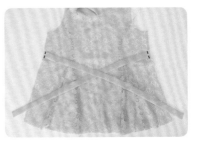

21 依紙型標示將腰帶車縫在表身片前片上。

22 將表身片兩側脇邊處車縫固定後拷克。

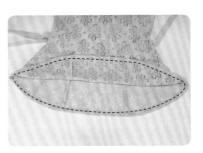

23 將表身片下襬邊緣先往內摺1cm，再往內摺1cm，用熨斗燙平後沿邊車縫0.1cm。

24 將裡身片兩側脇邊處車縫並拷克。

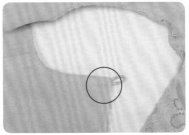

17 將縫份倒向裡身片，沿邊車縫0.1cm（請留意轉角開襟處有些位置車不到是正常的）。

18 翻回正面，沿著領圈邊緣與後身片開襟處0.3cm的位置車縫壓線。

19 將腰帶正面朝內對摺，車縫兩邊。

20 翻回正面，用熨斗燙平。

13 將製作好的耳襻先對摺，接著車縫在後裡身片的正面，車好可將多出來的部分稍作修剪。

14 將前、後裡身片正面相對疊合，車縫肩膀處並拷克。

15 將表身片與裡身片兩者正面相對，車縫領圈與開水滴處。

16 修剪領圈縫份至0.5cm，接著將開水滴的位置剪開，小心不要剪到車線。

30 翻回正面,在水滴處另一側手縫上釦子,完成。

29 將袖片與袖圈兩者正面相對套合,對齊後車縫一圈。接著進行拷克。

25 將裡身片下襬邊緣先往內摺1cm,再往內摺1cm,用熨斗燙平後沿邊車縫0.1cm。

26 將表身片與裡身片兩側的袖圈對齊好並疏縫一圈。

27 將袖片正面相對對摺,車合兩側脅下處並拷克。

28 將袖片袖口處邊緣先往內摺1cm,再往內摺1cm,用熨斗整燙後沿邊車縫0.1cm。

出國必備行李袋

有可收摺成好攜帶不佔空間的小包，

也有固定在行李箱桿上的大行李袋。

時尚大容量多功能旅行袋

大地回春、萬物復甦,樹木開始萌發了新芽、展現綠意,處處充滿生機,呈現了一遍氣清景明的景象,又開始了一輪春夏秋冬周而復始。人生最好的旅行,就是透過雙腳漫步城市,深入了解各地風情,帶著自己親手製作的旅行袋,在一個陌生的地方,找尋一種久違的感動。給自己身心一個健康的輕旅行吧!

設計製作╱Kanmie　編輯╱Forig　成品攝影╱林宗億
完成尺寸╱寬42cm×高38cm×底寬20cm
難易度╱★☆☆☆☆

包款特色／多口袋設計：

前口袋結合獨特的隱藏拉鍊袋、方便利用的兩側口袋及後貼口袋設計，內袋另有雙格貼口袋，讓您收納整齊有序！可拆卸舒適減壓肩背帶、手提／肩背，隨喜好自由運用。貼心的行李吊牌掛片設計，增加辨識度與獨特性。後方固定布適用行李箱拉桿，外出辦公旅行都方便。時尚大容量、裝載功能性強、使用便利又美觀，袋出好品味。不管是運動健身、外出踏青、出國旅行，隨身一個多功能收納旅行袋，簡單又方便。

Profile

Kanmie 張芃珍

從小對手作充滿熱忱，喜歡嘗試不同手作領域。喜歡自己正在做的事，做自己喜歡做的事，與您分享生命中的感動！

2013 年 12 月《自由時報週末生活版 · 耶誕布置搖滾風》。
2014 年 1 月《自由時報週末生活版 · 新年月曆 DIY 童趣布作款》。
2015 年與吳珮琳合著《城市悠遊行動後背包》一書。
2017 年起不定期受邀為《Cotton Life 玩布生活雜誌》作品示範教學。

發現幸福的秘密。。。

http://blog.xuite.net/kanmie/
kanmiechang
轉角遇見幸福 Kanmie Handmade
https://www.facebook.com/
kanmie.handmade

Materials 紙型 B 面

示範布：(使用帆布皆不需要燙襯。)
日本八號帆布(藍黑)、日本八號帆布(青藍)、日本印花帆布、POLY420D尼龍裡布。

裁布：※數字尺寸已含縫份；紙型未含縫份，需另加縫份。縫份未註明＝0.7cm。

表袋身

部位	尺寸		數量	布料
袋身前／後片	❶↔41.5cm×↕29.5cm		表2	藍黑
袋蓋	紙型A		2	青藍
前口袋	紙型B		表1裡1	圖案布
拉鍊口袋布	紙型C		裡2	
拉鍊擋布	❷↔3.5cm×↕3.5cm		裡2	
側身	❸↔19.5cm×↕29.5cm		裡2	
側口袋	上：❹↔23.5cm×↕8cm		表2裡2	藍黑
	下：❺↔23.5cm×↕21.5cm		表2裡2	圖案布
拉鍊擋布	❻↔3.5cm×↕3cm		表4裡4	藍黑
後口袋	表：❼↔41.5cm×↕25.5cm		1	藍黑
	裡：❽↔41.5cm×↕23.5cm		裡1	
拉桿固定布	紙型D		2	圖案布
拉鍊口布	紙型E		表2裡2	青藍
拉鍊擋布	❾↔3.2cm×↕4cm		表2裡2	青藍
貼式口袋布	表：❿↔17.5cm×↕14cm		1	藍黑
	裡：⓫↔17.5cm×↕10cm		裡1	
提帶飾布	⓬↔4.5cm×↕15cm		4	藍黑
袋底	紙型F		1	藍黑
背帶飾布	⓭↔5.5cm×↕53.5cm		表1裡1	圖案布
減壓背帶布	紙型G (縫份已含)		表1裡1	EVA軟墊×1／藍黑
包邊條	⓮4cm×135cm(斜布紋)		裡1	

裡袋身

部位	尺寸	數量
袋身前/後片	⓯↔41.5cm×↕29.5cm	2
側身	⓰↔19.5cm×↕29.5cm	2
雙格口袋布	⓱↔41.5cm×↕50cm	2
袋底	紙型F	1
包邊條	⓲4cm×135cm(斜布紋)	1

其他配件：5號尼龍碼裝拉鍊：19cm×1條，60cm×1條，21cm×2條，拉鍊頭×4個。2cm：D型環×2。3.2cm：口型環×4個，日型環×1個，龍蝦鉤×2個。3.2cm寬織帶：15cm×4條，120cm×2條。鉚釘：10-8mm×12組，8-10mm×10組，4.5mm×4組。(長45cm寬1.5cm織帶對摺皮片把手)×1組。(11.5cm×2cm×4cm)側皮片×2個。(1.9cm×6.3cm)皮革片×1片。皮標×1個、(5.5cm×11cm)書院風磁釦式包扣×1組。

9 將拉鍊口袋布C背面上方袋口兩側尖角縫份下摺，並翻回正面用錐子將多餘的布料塞入洞口。

10 將洞口整好、兩側縫份用骨筆刮順，先用強力夾夾好。

11 再將步驟10疊放於袋身前片表布上方，並靠下對齊，將口袋三邊疏縫固定。

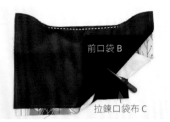

前口袋B

拉鍊口袋布C

5 前口袋B裡布再與另一片拉鍊口袋布C裡布，置中夾車步驟3拉鍊的另一側到兩端止縫點記號。拉鍊正面朝前口袋B裡布正面。

6 翻回正面將縫份順好，沿邊壓線到兩端止縫點記號並回針。

7 將兩片拉鍊口袋布C裡布正面相對，並將兩側袋口縫份內摺，車合口袋三邊。

止縫點

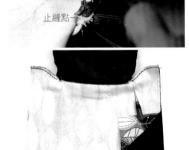

8 再將前口袋B表、裡布正面相對，車縫兩側圓弧處到止縫點並回針。

★ 製作前口袋及拉鍊袋

| 取碼裝拉鍊18cm裝上拉鍊頭，拉鍊正面頭尾兩端再分別與拉鍊擋布正面相對車縫。

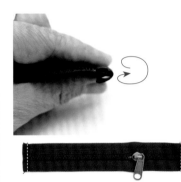

2 再將縫份內摺並向後翻摺，於正面壓線固定，將拉鍊頭尾包起。

3 前口袋B表布再與拉鍊口袋布C裡布正面相對，置中夾車拉鍊到兩端止縫點記號。拉鍊正面朝前口袋B表布正面。

4 翻回正面將表、裡縫份順好，沿邊壓線到兩端止縫點記號並回針。

★ 製作後口袋及拉桿固定布

21 再將拉桿固定布疊放在步驟18後口袋上方,並靠口袋下方0.2cm壓線處對齊。分別於上下兩側壓線0.2cm到止縫點車壓固定並回針。

22 於四個止縫點處分別安裝10-8mm鉚釘,並將拉桿固定布兩側疏縫固定。再於後口袋圖示及其對應位置安裝14mm撞釘磁釦。完成表袋身後片。

★ 製作側身側口袋

23 取碼裝拉鍊21cm裝上拉鍊頭,再利用拉鍊擋布❻表、裡布夾車拉鍊頭尾兩端,拉鍊正面朝表布正面,並翻正壓線。

24 再將側口袋(下)表布與裡布正面相對,夾車拉鍊下方。拉鍊正面朝表布正面。

16 後口袋布表布❼、裡布❽,先找出短邊中心點做記號,再將表、裡布正面相對車縫兩側長邊處。

17 翻回正面,縫份倒向裡布,並將短邊處表、裡中心點對齊。再由裡布那一面,分別將兩側沿邊壓線0.2cm固定縫份。

18 將後口袋裡布面向表袋身後片表布正面,於口袋下方先車壓0.2cm固定,再沿步驟17口袋下方原本壓線處,車壓第二條固定線,並疏縫口袋兩側。

19 取拉桿固定布C兩片,正面相對,依圖示車縫上下兩側。再於圓弧處剪牙口到兩端轉角處,牙口間隔約0.7cm。
※注意:此處剪牙口,不要剪鋸齒。

20 從側邊翻回正面,並順好弧度,分別於上下兩側沿邊壓線0.2cm到止縫點記號並回針。

12 再將口袋兩側上方順著弧度,分別沿邊壓線0.2cm到兩側止縫記號點並回針。

★ 製作袋蓋

13 取袋蓋A兩片,正面相對車縫圓弧處,上方為返口不車。再用鋸齒剪修剪圓弧處縫份。

14 從返口翻回正面,沿邊壓線0.2cm固定。

15 再將袋蓋置中疏縫於步驟12袋身前片表布正面上方。並於袋蓋圖示位置及其對應位置縫上皮包扣公釦及母釦。完成表袋身前片。

34 再疊放在袋身前片裡布正面上,並靠下對齊。先車縫口袋中心分隔線,並車縫三角形加強固定,再將口袋三邊疏縫,完成裡袋身前片。同步驟33-34,完成裡袋身後片。

35 再將裡袋身前片兩側分別與裡側身⓰兩片,正面相對車合。

36 裡側身另一邊再分別與裡袋身後片兩側,正面相對車合成筒狀,並翻回正面。完成裡袋身。

★組合表、裡袋身

37 再將步驟32完成之表袋身置入裡袋身內,正面相對套合。表袋身縫份分別倒向側身,裡袋身縫份倒向袋身前、後片,再將上下兩側車縫一圈將表、裡疏縫固定。

30 同步驟23-29,完成另一表側身。※注意:拉鍊頭的方向應為一左一右,袋身組合時拉鍊頭才會同在袋身前側。

★組合表袋身

31 表側身分別與步驟15完成之表袋身前片兩側,正面相對車合。※注意:表側身拉鍊頭的方向是順著表袋身前片方向往前拉的。

32 表側身另一邊分別再與步驟22完成之表袋身後片兩側,正面相對車合成筒狀。完成表袋身。

★製作裡袋身

33 雙格口袋布⓱長邊處背面相對對摺,並於上方袋口車壓0.2cm及1cm裝飾線。

25 翻回正面,將表、裡下方齊邊,沿拉鍊邊壓線0.2cm固定縫份,並將表、裡三邊疏縫固定。

26 再將側口袋(上)表布與裡布正面相對,夾車步驟25拉鍊另一側。拉鍊正面朝表布正面。

27 翻回正面,將表、裡上方齊邊,沿拉鍊邊壓線0.2cm固定縫份,並將表、裡三邊疏縫固定。

28 找出上下兩邊中心點並依圖示距離標示摺線記號點。再依記號點方向將上下兩邊往兩側外打摺並疏縫固定。完成側口袋。

29 側口袋裡再與側身❸裡布正面相對,疏縫一圈固定。完成表側身。

★ 製作拉鍊口布

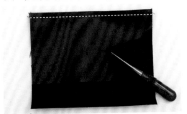

46 取貼式口袋布表布❿、裡布⓫使其正面相對,車縫長邊處。

47 翻回正面,縫份往表布倒,並將表、裡下方齊邊。再於上方袋口分別車壓0.7cm、1cm及1.5cm裝飾線固定。

48 先於圖示位置釘上皮標,再將口袋疊放置中於拉鍊口布前片表布正面並靠下對齊,車縫口袋三邊固定。

49 再將步驟45其中一提把置於拉鍊口布前片表布圖示位置,沿織帶邊車縫0.2cm框線固定,其中口環轉折處須來回加強車縫。

42 將袋身翻回正面。

★ 製作提把

43 取織帶對摺提把一組,將提把尾端織帶分別套入3.2cm口型環後,內摺2cm車縫固定。

44 另取提帶飾布⓬兩側往中摺,置中疊放於15cm織帶上,於兩側沿邊壓線0.2cm固定,一共要完成四條。

45 再將織帶前端分別套入步驟43提把的口型環內,並內摺2.5cm車壓固定。

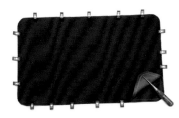

38 將袋底F表布與裡布背面相對,沿邊疏縫一圈固定。

39 袋底表布再與步驟37袋身表布下方,正面相對,並將四個中心點對應好,車縫一圈組合固定。

40 取包邊條⓲與袋底裡布正面相對,先於前端內摺1cm,再沿邊車縫一圈組合固定。車到尾端重疊約2cm並減掉多餘的包邊條再車合。

41 再將包邊條另一邊縫份內摺並向後翻摺且蓋住車線,沿邊壓線0.2cm車縫固定。將袋底縫份包邊。

59 再將拉鍊口布先翻到裡布正面之後,從另一側再將拉鍊口布前片背面翻出來。

60 同步驟58,將拉鍊口布前片表、裡布兩側向內凹摺,將表、裡縫份抓起對齊一起車縫固定。

61 翻回正面將表、裡套合,沿邊疏縫一圈固定,再依圖示分別用10-8mm鉚釘將表、裡一起固定。完成拉鍊口布。

★ **組合袋身**

62 將拉鍊口布置入步驟42袋身裡,口布前片對應著袋身前片,口布裡布與袋身裡布正面相對,車縫一圈組合固定,此處縫份車縫1cm。

---

55 翻回正面,沿拉鍊邊壓線0.2cm將表裡固定。

56 將拉鍊口布前片表布兩側邊分別正面相對,車縫固定。拉鍊口布後片表布兩側邊亦同。

57 同作法,分別車合拉鍊口布前片裡布兩側邊,後片裡布兩側邊亦同。

58 將拉鍊口布後片表、裡布兩側依圖示向內凹摺,將表、裡縫份抓起對齊一起車縫固定。

15cm

50 同作法,車縫固定另一提把於拉鍊口布後片表布正面。

51 取60cm碼裝拉鍊裝上拉鍊頭,再利用拉鍊擋布❾表、裡布夾車拉鍊頭尾兩端,拉鍊正面朝表布正面,並翻正壓線。

52 取一拉鍊口布裡布再與步驟49拉鍊口布前片表布正面相對,夾車拉鍊。拉鍊正面朝表布正面。

53 翻回正面,沿拉鍊邊壓線0.2cm將表裡固定。

54 步驟50拉鍊口布後片表布再與另一拉鍊口布裡布正面相對,夾車步驟53拉鍊另一側。

71 減壓背帶布G表布與裡布背面相對,並將EVA軟墊置中夾入。沿邊車縫一圈將表、裡布與軟墊一起疏縫固定。

72 再將步驟70背帶飾布置中疊放在減壓背帶布上方,背帶飾布裡布與減壓背帶裡布正面相對,分別疏縫固定兩側邊。

73 參考步驟40-41,取包邊條❹,沿邊車縫一圈將減壓背帶布縫份包邊。

74 取3.2cm織帶120cm,先於一端穿過日型環,並將織帶尾端內摺車縫固定,再套入龍蝦鉤後並穿回日型環。

75 利用長柄鉗或竹筷將織帶穿入步驟73減壓背帶布中,再於尾端套入龍蝦鉤後,將織帶尾端內摺車縫固定。※注意:此處日型環有方向性,不要裝錯邊。

76 扣上減壓肩背帶,完成。

67 取側皮片先套入2cm D型環,再分別於袋身兩側邊中心找出對應點,用8-10mm鉚釘將表、裡袋身與皮片一起固定。皮片位置剛好會將側邊包邊接合處遮擋。

68 再於拉鍊口布後片圖示位置,用8-10mm鉚釘將表、裡袋身與皮革片一起固定,完成行李吊牌掛片。

★ 製作減壓肩背帶

69 取背帶飾布❸表布與裡布,正面相對,分別將短邊處車合。

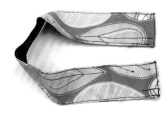

70 翻回正面,兩端分別壓線0.2cm。再將兩側邊表、裡一起疏縫固定。

63 取3.2cm織帶120cm,先於織帶前端車縫0.7cm加強固定避免虛邊。

↑側邊中心點

64 再將織帶對摺並由側邊中心點開始將縫份包邊,先用強力夾夾好。其中接合處剪掉多餘的部分後,尾端一樣需將織帶車縫0.7cm加強固定避免虛邊。

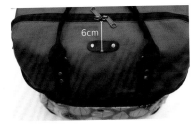

65 沿邊車縫1cm固定,將縫份包邊。

66 將拉鍊口布翻回正面,並將縫份包邊處倒向袋身,往下套摺並整順好縫份。

易收納摺疊後背包

出國旅行時總會買一堆伴手禮回來，就絕對不能缺少這一款後背包，
可固定在行李箱上，也可當隨身行李帶上飛機，不使用時還可摺疊收納不佔空間。

製作示範／楊雪玉　編輯／Forig　成品攝影／詹建華
完成尺寸／寬29cm×高40cm×底寬15cm
　　　　　摺疊後：寬22cm×高19cm×底寬4cm
難易度／☆☆☆☆

Profile

楊雪玉

從 25 年前開始成立木綿拼布工作室一路玩布至今，就愛挑戰自己，把自己設計的成果跟大家分享，把不斷創新的教學當我人生學習的目標。

目前擔任：
台中木綿拼布工作室專業講師
高雄布窩窩手作教室專業講師
高雄菁卉手作教室專業講師
FB 搜尋：木綿實用拼布藝術

Materials 紙型 Ⓑ 面

用布量：
花肯尼布100×90cm、素肯尼布90×60cm、輕質裡布110×90cm。

裁布與燙襯：

表布／花肯尼布

前袋身	紙型	1
後袋身	紙型	1
前口袋袋身	紙型	2
前口袋拉鍊口布	47×6cm	1
前口袋底	33.5×9cm	1
拉鍊擋布	13.5×3cm	2（含縫份）
後口袋拉鍊擋布	8×3cm	2（含縫份）
後口袋	32×35cm	1（含縫份）

表布／素肯尼布

側口袋	紙型	2
側身	紙型	2（正反各1）
袋底	37×15cm	1
側口袋縮口布	10.3×3cm	4

裡布／輕質布

前袋身	紙型	1
後袋身	紙型	1
側口袋	紙型	2
側身	紙型	2（正反各1）
袋底	37×15cm	1
拉鍊擋布	13.5×3cm	2（含縫份）
後口袋拉鍊擋布	8×3cm	2（含縫份）
後口袋	32×35cm	1（含縫份）

其它配件：
5V碼裝拉鍊（48.5cm×1條、63cm×1條、22cm×1條）、5V迴轉拉頭×1個、5V一般拉頭×3個、蠟繩0.3×45cm×2條、繩扣1.6cm×2個、3cm寬織帶（110cm×2條、15cm×2條、30.5cm×2條、36cm×1條）、3cm口字環×2個、3cm日字環×2個。

※以上紙型和數字尺寸皆未含縫份，除特別標示外。

★ 製作前袋身

|| 取5v碼裝拉鍊63cm兩側拔牙約
0.7~1cm，並裝上2個拉鍊頭。
再取表裡拉鍊擋布夾車拉鍊。

|2 同作法完成另一端拉鍊的夾
車。翻回正面壓線0.3cm固定。

|3 取前袋身表布與上步驟完成的
拉鍊正面相對車縫0.7cm縫份
固定。

|4 再取裡前袋身正面相對蓋上，車
縫0.7cm夾車拉鍊。

|5 翻回正面壓線0.3cm。再畫上前
口袋的位置。

6 同做法夾車拉鍊口布另一邊，翻
回正面對折齊邊，底開口疏縫
一圈固定。

7 前口袋袋身先取1片與上步驟完
成的側底對齊好，車縫0.7cm一
圈。

8 再取1片前口袋袋身正面相對蓋
上，夾車一圈並留7cm返口。

9 翻回正面並於袋身裡面返口處
內折好用珠針固定。

|0 在正面壓線0.3cm一圈。

★ 製作前口袋

| 取5V碼裝拉鍊48.5cm與前口
袋拉鍊口布先車縫一邊縫份
0.7cm。

2 前口袋拉鍊口布另一邊摺縫份
0.7cm與拉鍊夾車。

3 翻回正面壓線0.3cm，並在兩側
拔牙約0.7~1cm，再裝上迴轉拉
鍊頭。

4 取前口袋底夾車拉鍊口布，如圖
對齊一邊先疏縫一道。

5 再將前口袋底對折夾車。

★ 製作後口袋

25 取表裡後口袋拉鍊擋布夾車5v碼裝拉鍊22cm長的兩端。並翻回正面壓線0.3cm固定。

26 表後口袋與拉鍊兩邊車縫0.7cm。

27 再取裡後口袋夾車拉鍊。

28 翻回正面並調整拉鍊位置,四周壓線0.3cm。

29 將後口袋車縫在後袋身下方往上6cm處。

★ 製作提把與後背帶

20 取3cm寬織帶36cm長,織帶中間14cm的兩側往中心對折,並車縫固定,形成提把。

21 將提把兩邊如圖示車縫在袋身的中心位置。

22 取3cm寬織帶110cm長2條(後背帶),固定在後袋身上(依紙型標示位置)。

23 將30.5cm長的織帶(加強帶)依紙型標示處蓋住後背帶車縫處車縫固定。

24 翻到裡面,相同位置一樣車縫一條加強帶固定。

16 將步驟10車好的前口袋對齊擺放在前袋身記號上,沿邊車縫0.2cm固定。

★ 組合前後袋身

17 取後袋身表布與前袋身拉鍊對齊車縫0.7cm縫份。※後袋身表布要稍微拉一下否則不好車縫。

18 再取後袋身裡布夾車拉鍊縫份0.7cm。※圓弧處要剪牙口,弧度才會漂亮。

19 翻回正面,表裡袋身對齊好,外圍疏縫0.3cm固定。

39 側口袋與側身對齊好車縫,完成兩個側身。

40 車好的表側身分別與表袋底兩邊車合,翻回正面壓線。

41 再取裡側身與袋底,同表布作法車合。

42 將表裡側身袋底背面相對,疏縫一圈固定。

★ 組合袋身

43 取完成的袋身與側身做出完整的合印記號。

35 將2個側口袋縮口布擺放在表側口袋上方對齊並疏縫,再取裡側口袋。

36 裡側口袋正面相對蓋上,夾車側口袋縮口布上方位置。

37 翻回正面,沿側口袋邊壓線0.3cm一圈。

38 將0.3×45cm的蠟繩穿入側口袋縮口布,蠟繩兩端疏縫固定。

30 翻到背面,將多出的後口袋布修齊。

31 正面兩側下方往上3cm處再車縫上3cm寬織帶15cm長2條(口字環固定帶)。

★ 製作側口袋

32 取側口袋縮口布,一邊內折0.5cm兩次並壓線0.3cm固定。

33 再對折疏縫0.3cm。

34 共完成兩個,再取表側口袋。

★ 收折後背包

| 後背包後面兩側向中心折。

2 上下也向中心折。

3 前口袋拉鍊打開。

4 前口袋前片反折。

5 拉鍊拉起來完整收納。

48 完成兩側縫份的包邊車縫。

49 翻到正面,口字環固定帶穿入口字環,將織帶折好車縫。

50 後背帶穿入日字環和口字環,再穿回日字環,車縫固定,製作成可調式背帶。

51 完成。

44 將袋身與側身正面相對,對齊好車縫0.7cm縫份固定。

45 取斜布條3.7×250cm(可多條斜布條接合),與上步驟車合的縫份處車縫一圈。

46 斜布條另一邊包折住縫份,並用珠針固定。

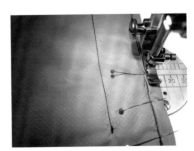

47 沿邊車縫固定。

變形小怪獸收取包

輕盈又能變形。可以單獨使用來一場小旅行，也可以當購物袋裝進滿滿的戰利品。

能肩背、能手提還能固定在行李箱上，收納起來不占空間好輕盈。小怪獸們，沒有你們怎麼行。

設計製作／Ming（米米）　編輯／兔吉　成品攝影／蕭維剛

示範作品尺寸／長38cm×寬23cm×高28cm（展開）

　　　　　　　長22cm×寬19cm（收納）

難易度／★★★

Profile

Ming（米米）

北京服裝學院 服裝設計系畢業。

累積十餘年的服裝設計和包包飾品豐富的創作經歷，喜歡自己設計開版製作各式手作，讓每一刻都充滿暖暖，堅持原創，因為唯有用心手作，才能更有溫度。

2015 年和阿里一起成立「Ming」獨立設計師品牌工作室至今。

注重細節和實作應用，讓設計不再只是設計，而是能夠讓你我更加有溫度的作品。

Facebook 搜尋：Ming Design Studio
Email：away10227@gmail.com
Line ID：@zxi8416r

Materials 紙型 Ⓑ 面

用布量：小怪獸風衣布（防潑水風衣布材質）3尺～3.5尺、淡藍色混紡布3尺～3.5尺、黑色太空棉0.5尺、薄襯0.5尺。

裁布燙襯與製作須知：

※①本篇示範作品只有表袋底需燙薄襯，其餘皆不需燙襯。若使用其他素材，請斟酌調整。

　②請將裁好的太空棉先燙在薄襯上，接著再熨燙在表袋底上備用。

　③熨燙時，因布料材質非一般棉麻類材質，請勿使用高溫熨燙，以低溫熨燙即可。

※作品中所使用的織帶寬度皆為3cm。

裁布：

小怪獸風衣布

表袋身	37×31cm	2片	
表側身	紙型	2片	已含縫份
表袋底	37×20cm	1片	
裡口袋布	61×19cm	1片	

淡藍色混紡布

裡袋身	37×31cm	2片	
裡側身	紙型	2片	已含縫份
外貼式口袋表布	26×16.5cm	2片	
外貼式口袋裡布	21×24cm	1片	
袋底口袋裡布	14×34cm	2片	
裡袋底	37×20cm	1片	
裝飾布條	4×22cm	2片	已含縫份
兩側布條	4×25cm	2片	已含縫份
提把布條	4×54cm	2片	已含縫份
背帶布條	4×132cm	1片	已含縫份
斜布條（包邊用）	5×63cm	1片	已含縫份

薄襯

表袋底	37×20cm	1片

※以上除特別備註之外，其餘數字尺寸皆不含縫份，請自行外加縫份0.7cm。

其他配件：黑色太空棉37×20cm 1片、4cm口型環2個、4cm合金鉤釦2個、4cm日型環1個、塑鋼拉鍊14吋1條（袋身用）、塑鋼拉鍊5吋2條（袋底小口袋用）、塑鋼拉鍊7吋1條（外貼式口袋用）、尼龍拉鍊24吋1條（袋底用）、黃色斜布條83cm 2片（含縫份）、5mm棉繩83cm 2條（包邊用）、裝飾織帶22cm 2條、兩側織帶25cm 2條、提把織帶54cm 2條、背帶織帶132cm 1條、1cm寬鬆緊帶39cm 1條。

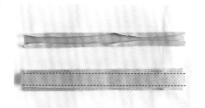

★ 製作裝飾布條

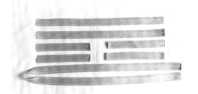

1 將布條上下兩長端先往內摺燙縫份1cm,接著放在織帶上車縫固定。

2 依照步驟1的作法,製作本篇所需要用到的織帶。

★ 製作表袋身

中心線 2cm

3 取外貼式口袋表、裡布各一片,兩者正面相對,畫出一個長度為(拉鍊長+0.5cm)×寬1cm的長方形,接著如圖在左右兩端畫出一個Y字型。

4 沿著長方形車縫一圈,用線剪從中間往兩端剪開,剪到Y字型開口時要小心不要剪到車線。

9 從返口翻回正面並用熨斗整燙。

10 在口袋上方車縫一道0.3cm裝飾線。

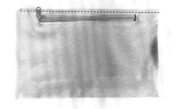

中心線 10.5cm

11 先找出表袋身的中心線,接著如圖標示將做好的步驟10擺放在表袋身上,左右兩側各車縫0.5cm。

1.5cm

12 將製作好的兩側織帶套入口型環內對摺,車縫1.5cm固定。

5 將外貼式口袋裡布塞入長方框內,整理好後用熨斗整燙。

6 將拉鍊擺在後方,沿著長方框車縫0.3cm裝飾線一圈。

7 翻至背面,將外貼式口袋裡布往上對摺,車縫ㄇ字型固定。

8 將兩片外貼式口袋表布正面相對,預留6cm返口之後車縫一圈。

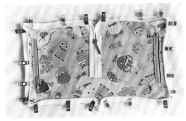

20 將表袋底與裡袋底背面相對疊合，接著將一條24吋的拉鍊拉開，正面朝下用強力夾固定在上方。

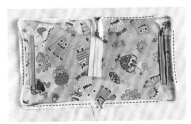

21 車縫拉鍊0.5cm一圈，留意拉鍊頭的部分要先對摺再車縫。

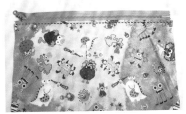

22 取一片表袋身與一條14吋的拉鍊兩者正面相對，車縫0.5cm固定。

23 將拉鍊往上翻，於邊緣壓一道0.5cm裝飾線。依相同作法完成另一側。

中心線 2.5cm

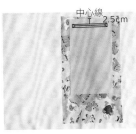

16 取一片表袋底與一片袋底口袋裡布兩者正面相對，畫出一個長度為（拉鍊長＋0.5cm）×寬1cm的長方形，接著如圖在左右兩端畫出一個Y字型。

17 沿長方形車縫一圈，用線剪從中間往兩端剪開，剪到Y字型開口時小心不要剪到車線。

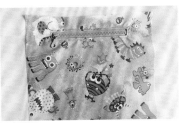

18 依照步驟5～6的作法車縫好拉鍊。

19 翻至背面將袋底口袋裡布往上對摺，車縫ㄇ字型固定。重複步驟16～19製作表袋底另一側的口袋。

13 依紙型標示將兩側織帶與裝飾織帶車縫在表側身上。另一側作法相同。

14 取黃色斜布條包夾住5mm棉繩車縫，備好包繩。

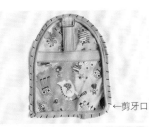

←剪牙口

重疊約1cm

15 沿著表側身布車縫包繩，記得圓弧處修剪牙口，車到包繩頭與尾相接之處時，將其中一側摺入，重疊約1cm後接合。另一側作法相同。

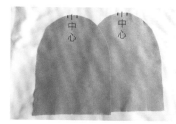

30 在兩片裡側身上方的圓弧中心往左右兩端各預留1.5cm的空間並畫上記號線。

31 將兩片步驟29燙好縫份1cm的那端對齊步驟30畫好的記號線，車縫一圈。另一側作法相同。

★ 組合袋身

32 將表袋身套入裡袋身中（兩者背面相對），以藏針縫的方式縫合一圈。

27 將鬆緊帶穿好後，如圖在左右兩端車縫一道固定線。

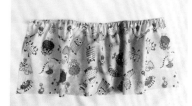

活褶 4.5cm　活褶 3.5cm　活褶 4.5cm
9cm　　16cm　　8cm

28 將步驟27與一片裡袋身下邊對齊，用強力夾固定後車縫兩側0.3cm。接著依圖標示的距離畫好口袋等分線並車縫，完成裡口袋。

摺燙 1cm

29 如圖將兩片裡袋身上端往內摺燙縫份1cm（等會接合拉鍊用）。

24 如圖將表側身的中心對齊表袋身上拉鍊的中心，用強力夾固定後車縫一圈。

25 依照步驟24的作法接合另一片表側身與表袋身。

★ 製作裡袋身

1.2cm

26 將裡口袋布上方依照1.2cm的寬度三摺邊處理後車縫一道，接著將鬆緊帶由上方車好的洞口穿入。

（展開）

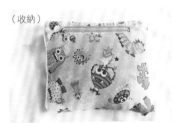
（收納）

37 將包邊用斜布條以滾邊的方式包覆住底部的縫份並車縫。

33 翻回正面，如圖所示在表袋身上畫出中心線與提把位置。

39 鉤上背帶，可愛的變形小怪獸收取包完成囉！

38 將背帶穿入日型環與合金鉤釦，織帶兩端以內摺的方式車縫固定。

34 將提把車縫固定在表袋身上，前後片作法相同。

35 翻至裡袋身，將步驟21做好的袋底四周與裡袋身對齊，用強力夾平整固定後車縫一圈。

36 將多餘的拉鍊頭與尾修剪。

三天三夜旅行包

包如其名，容量足夠你裝三天份的行李。可以手提，可以肩背。
如果旅程較長，還能當作隨身包或裝進伴手禮，後口袋的特別設計可以輕鬆固定在行李箱上讓你好愜意。
好看好實用，不來一個好可惜。

設計製作／SASA　編輯／兔吉　成品攝影／蕭維剛
示範作品尺寸／寬44cm×高30cm×底寬22cm
難易度／★★★★

Profile

SASA

「喜歡布作的溫暖、讓日子變的美麗；喜歡隨意的創作，讓日子變的有趣。」這就是 SASA 的手作風格，擅長用繽紛可愛的配色創作出令人溫馨的作品。從 2010 年開始就將手作與生活結合，多次參與雜誌和電視節目錄影。

2014 年創立「Teresa House」工作室，專研布包作品以及布作教學。

2018 年新創立設計品牌 SASHA 布作設計，"h" is hand , is home , Sasa ＋ h ＝ SASHA 品牌精神就是希望大家能和 SASA 一起透過手作，創造出屬於自己美麗的生活。

FB 搜尋：SASHA 布作設計
網站：https://www.sashadstw.com/

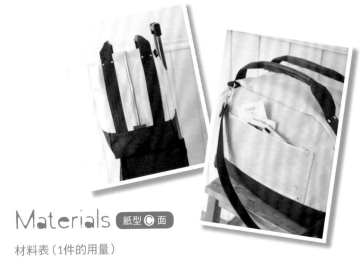

Materials 紙型 C 面

材料表（1件的用量）

主要布料：表布（米白色帆布）、別布（深藍色帆布）、裡布（深藍色棉布）、裝飾布（皮革）。

配件：直徑0.8cm固定釦10組、直徑1cm固定釦4組、撞釘磁釦1組、3cm寬D型環2個、4cm寬問號鉤1個、寬齒拉鍊80cm長1條、細齒拉鍊25cm長2條、裝飾片1個。

裁布：

表布（米白色帆布）

表上袋身	紙型	2片（前後各1片）
表前口袋	18×45.5cm	1片
表後口袋	18×27cm	1片
表上側身	12×82cm	2片
包邊條	18×3.5cm	4片

別布（深藍色帆布）

表下袋身	10.5×45.5cm	2片（前後各1片）
表下側身	24.5×35.5cm	2片
提把	12×90cm	2片
掛耳	6×8cm	2片

裡布（深藍色棉布）

裡袋身	紙型	2片（前後各1片）
裡上側身	12×82cm	2片
裡下側身	24.5×35.5cm	2片
背帶	12×100cm	1片
包邊條	4×150cm	2片

裝飾布（皮革）

皮片①（表前口袋）	3.5×5cm	1片
皮片②（提把）	6×16cm	2片
皮片③（側身）	7×7cm	2片
皮片④（背帶）	4×4cm	2片

※以上紙型與數字尺寸皆已含縫份1cm。

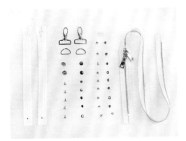

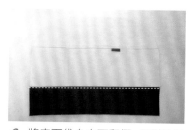

9 將表下袋身向下翻摺,用熨斗燙平,沿邊車縫裝飾線,完成表袋身(前片)。

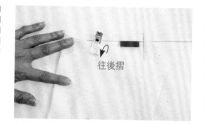

5 將包邊條內側靠齊步驟2畫好的記號線,下端對齊口袋布邊,將包邊條上端多出來的部分往後摺,先用強力夾固定,另一側作法相同。

★ 製作表袋身(前片)

1 將表前口袋布的上端依照1.2→1.2cm的寬度三摺邊後用熨斗燙平。

★ 製作表袋身(後片)

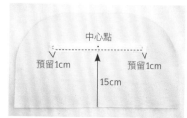

10 取另一片表上袋身由下端往內15cm處畫一個中心記號點,接著將一條25cm的拉鍊①正面朝下,將拉鍊的中心對準剛畫好的記號點,車縫拉鍊①。(註:請留意步驟10與12~14中車縫拉鍊時記得頭尾兩側需各預留1cm不要車)。

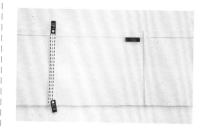

6 將步驟5與表上袋身兩者下端對齊,先車縫包邊條左右兩側,接著中間再車一條,另一側作法相同。

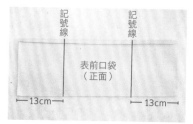

2 在左右兩側各往內13cm處各畫一條隔間口袋記號線。

11 將表後口袋的上、下兩端依照1.2→1.2cm的寬度三摺邊後用熨斗燙平並車縫。

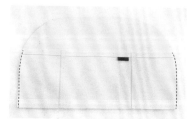

7 沿著表上袋身的形狀修剪口袋,接著疏縫兩側。

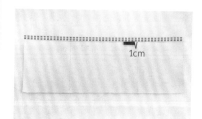

3 在步驟1燙好的摺邊夾入皮片①後車縫(先車縫上下兩條,接著兩條線中間再車一條)。

12 取另一條25cm的拉鍊②正面朝上,將口袋的下端與拉鍊②對齊並車縫,車好中間再車一條。

8 取一片表下袋身與表上袋身兩者正面相對,下端布邊對齊,車縫1cm。

4 將包邊條兩長邊往內摺成寬度1.3cm並用熨斗整燙,需準備好四條。

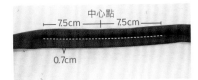

20 將提把兩長端先對摺找出中心點，在中心點左右各7.5cm畫上記號線，接著於記號線範圍內車縫0.7cm。

中心點
7.5cm ── 7.5cm
0.7cm

21 取皮片②包住提把並車縫。

拉鍊（背面）
表上側身（正面）

22 將表上側身正面朝上，接著疊上一條80cm拉鍊（正面朝下），車縫0.7cm。

裡上側身（背面）

23 再疊上裡上側身（布料正面朝下），車縫0.7cm。

表上側身（正面）

24 將布料向下翻摺，用熨斗燙平並沿邊車縫裝飾線。重複步驟22～24完成拉鍊另一側。

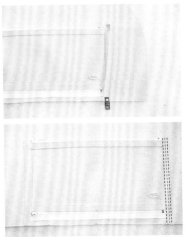

16 將包邊條內側貼齊步驟10拉鍊左右兩側預留的1cm，下端與布邊對齊，將上端多餘的部分往後摺，車縫左右兩條固定，接著中間再車一條。依同作法完成另一側。

17 按照步驟8～9的作法，車縫好表上袋身與另一片表下袋身，完成表袋身（後片）。

★ 製作提把與側身

2cm
2cm

18 將提把布兩長端先往內摺2cm的寬度，接著再往內摺一次2cm，摺好用熨斗燙平。

1.5cm
1.5cm

19 如圖在兩長端各往內1.5cm處車縫。

表上袋身（正面）
表後口袋（正面）

預留1cm   預留1cm

13 如圖先把表上袋身往上翻摺，將表後口袋對齊拉鍊①的中央下端後車縫固定，中間記得再車一條。

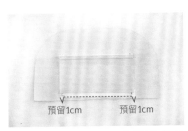

預留1cm   預留1cm

14 將表上袋身翻回，如圖將拉鍊②車合在表上袋身上。

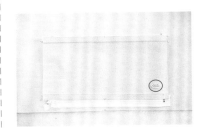

15 在口袋右下角處手縫裝飾片。

33 將表裡下側身兩者正面相對，中間夾入上側身，把三片布料疊合好後車縫右側1cm。

29 將皮片③兩長端先往內對摺，接著再往下對摺，疏縫0.5cm，需準備好兩片。

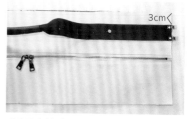

25 先找出表上側身布料上端往內3cm處，用強力夾先將提把固定好。

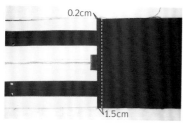

34 將表下側身向下翻摺並用熨斗整燙，車縫裝飾線0.2cm與1.5cm各一條。另一側作法相同，完成側身。

30 將皮片如圖擺放在兩側拉鍊底部的中央處並車縫，另一側作法相同，完成上側身。

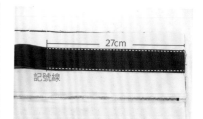

26 接著從提把布料右側往內找出27cm處並畫上記號線，將提把車縫固定。

★ 製作掛耳

35 將掛耳布6cm那端的上下兩側先往內摺1.5cm，接著再對摺，用熨斗燙平。

31 將兩片裡下側身正面相對，車縫右側短邊1cm。

27 在步驟26畫好的記號線內打上0.8cm固定釦兩顆。

36 車縫兩側，需準備兩片掛耳。

32 車好將兩片布攤開，用熨斗將縫份燙平。依同作法製作表下側身。

28 重複步驟25～27車縫好其他邊提把。

45 將背帶如圖反摺一段（反摺的長度可依照個人喜好調整），打上1cm固定釦兩顆，另一側作法相同。

46 在兩側掛耳打上0.8cm固定釦各一顆。

47 在表前口袋打上撞釘磁釦。

48 將背帶鉤上D型環，完成。

41 將掛耳多出來的部分修剪小一點，接著用包邊條包覆縫份一圈，用強力夾固定後車縫。另一側作法相同，完成袋身與側身的接合。

42 將背帶兩長端先往中心線內摺，接著再對摺，摺好用熨斗整燙。

43 依照圖片所標示的間距車縫背帶。

44 將皮片④包夾住背帶一端並車縫，接著將背帶穿入問號鉤，另一側作法相同。

表袋身（前片）

37 先找出表袋身（前片）布料下端由左往內6cm的位置，接著直接垂直往上畫一個記號點。將掛耳對摺穿入D型環後，把掛耳左側對齊記號點並車縫，記得上端預留2cm不要車。

表袋身（後片）

38 依照步驟37的作法接合表袋身（後片）與另一片掛耳。

★ 組合袋身

39 將表袋身（後片）與一片裡袋身兩者背面相對，車縫0.5cm一圈。

40 將步驟39表袋身那面與側身兩者正面相對，用強力夾固定好後車縫一圈。

打版進階 4
袋身上圓角後背款

解說文／淩婉芬　編輯／Forig　成品攝影／林宗億

示範尺寸／寬 24cm× 高 33cm× 底寬 13cm

難易度／◆◆◆◆

Profile

凌婉芬

原從事廣告行銷企劃工作，土木工程畢業。在一次因緣際會下接觸拼布畫與拼布包，便一頭栽進布的世界裡。由於包包創作實在太有趣，因此開始研究各種包款的版型，進而創立一套比較有系統的版型規劃方式。目前從事網路教學，舉凡包包製作、版型規畫、手工書、拼貼、手工皮件等均為教學範圍。

著作：帶你輕鬆打版。快樂作包
　　　打版必學！同版雙包大解密

布同凡饗的手作花園
http：//mia1208.pixnet.net/blog
email：joyce12088@gmail.com

一、說明：

本單元示範運用兩組袋身上圓角的組合方式，製作出不同於只有一組的造型變化款後背包；只是運用簡單的基本打版，連結雙袋身的方法，包款就可以更有設計感。主要包款的尺寸大小則可依照個人喜好的方式來設計；打版所需常見工具或常識，以及基本公式等，請參照打版入門（一）～（十一）。

二、包款範例：

示範包款尺寸：寬24cm×高33cm×底寬13cm
◎尺寸算法可參照打版入門或設計成自己喜歡或需要的大小。
◎背帶寬度與長度視個人使用習慣即可，沒有固定的算法。

三、繪製版型：

①根據已知的尺寸大小先畫出外框

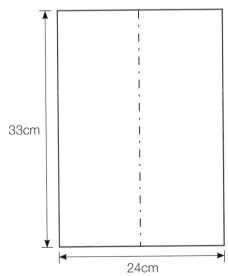

33cm

24cm

②畫出袋身上圓角（示範包款圓角的半徑是7cm）
綠色實線的部分（袋身兩側上）

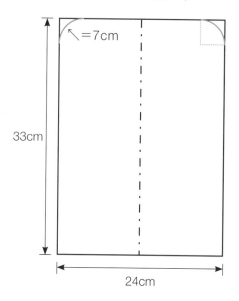

③制定袋身版（前）

　由於前袋身比後袋身矮一點（如圖），上圓角與後袋身相同；因此只需要改變高度即可。

前袋身尺寸計算：
上半圓弧的部分：22.5×2＋5×2＋11×2＝77cm
◎其實左右對稱的版型可只畫1/2版，示範還是畫全版；實際操作時可畫1/2版型。

完整袋身版（後）

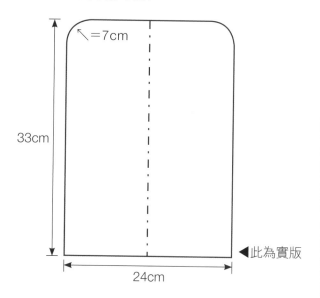

後袋身尺寸計算：
上半圓弧的部分：（參照曲線計算）
26×2＋5×2＋11×2＝84cm

TIPS!!
※前袋身高＜後袋身高

　到底要怎麼定？這邊給個參考數據：約為後袋高的3/4，整體比例會較美觀。當然，可以隨意尺寸；就看是不是自己的需求喔！

袋身版（前）
後袋身高＝33cm
→前袋身約等於3/4後袋身
→33×3/4＝24.75 cm
可使用24或25cm，這邊使用24cm

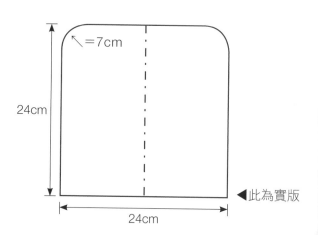

④制定前後袋身需要拉鍊及側檔布

TIPS!!

※由於範例包款的前後袋身是扁形設計

因此可以設計側身檔片讓整體拿取

或置放物品時不致於整個包直接大開。

A拉鍊制定：

❶前袋身

　依範例整體長度為77cm（不計版底的24cm）

　→拉鍊可直接為77cm，也可以不要整個全開

　→範例包訂為70cm

❷後袋身

　依範例整體長度為84cm（不計版底的24cm）

　→拉鍊可直接為84cm，範例包款不為全開式

　→搭配前版的尺寸，得知拉鍊底兩側各留3.5cm

　拉鍊尺寸→84－7＝77cm

B側檔布制定：

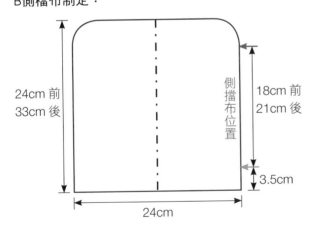

24cm 前
33cm 後

側擋布位置

18cm 前
21cm 後

3.5cm

24cm

由袋身版得知拉鍊起始點為由下算起3.5cm處

→側檔布起點（綠色箭頭）可在此點之上，袋身

　上圓角弧度下1～2cm（藍色箭頭）處

→取前袋身側檔布高18cm，後袋身側檔布高21cm

8cm 前
10cm 後

18cm 前
21cm 後

◀此為實版

5cm 前
7cm 後

★範例側檔設計成倒梯形，考慮上開取物，

　但下開不需取物，且較美觀，故而設計為

　梯形，上下底的制定可隨個人需求。

C拉鍊頭尾連接布：

　由以上計算得知，銜接前後袋身拉鍊連接布長

　均為3.5×2＋24＝31cm→實際大小1.5×31cm

⑤連結前後袋身版之側身

　由範例圖片得知側身並非從頭到尾密封，故而側身片的高度可依照個人想放的物品高度而定。

TIPS!!

※由於範例包款是前後袋身不同高度

　因此側身的高度可設計為前袋身圓角下的直線段高度，這樣的高度連結後袋身比較不會有太大的落差感，但同樣都能依照個人需求。

側身版：

由範例底厚度得知總厚度為13cm，

此處扣除前後袋身連接布的1.5cm後，

則實際側身厚度應為10cm。

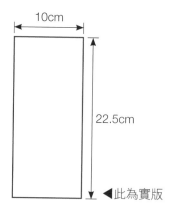

10cm

22.5cm

◀此為實版

★完成側身版

⑥袋底版

範例包款寬度24cm，側身寬度10cm

→得到袋底為10×24cm

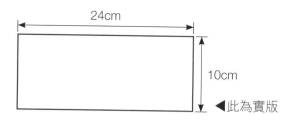

24cm

10cm

◀此為實版

★完成袋底版

◎說明：由於側身及袋底均為矩形，根據經驗都可以不畫版型；
　　　　但必須記下正確尺寸，以免裁剪錯誤。

⑦制定兩袋身連接布

由於此布片不影響整體計算的範圍,故而可
依照個人喜好來制定想要的樣式及大小。

範例尺寸:

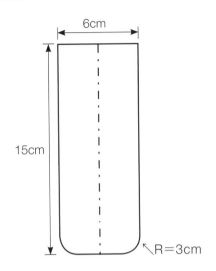

⑧前袋身上下裝飾片

此部分不限制,可依照個人需求跟喜好來設計即可。

⑨後背帶連接布

此部分可根據個人身高體型來設計,同樣不限制。

⑩從頭再核算一次所有相關的數據
→製作包包

四、問題。思考:

(1)如果在設計時,前後袋身袋也想做厚度時,應該怎麼設計?

(2)範例中的側檔布如果直接裁上下等寬的長條布,會有怎樣的
改變?直接裁長條好不好?

(3)中間連結的側身如果想作密封型的會有什麼改變?

(4)中間連結的側身如果想作梯型的話會有什麼改變?可行嗎?

(5)如果整個袋身設計四周都為圓角呢?會有什麼改變?

NEXT

進階打版(五)

午後散策的購物袋

棉麻布搭配縫補刺繡的組合，
做成容易收納的購物袋。

適合午後悠閒地帶著它出門，
不論散步也好，買東西也好，
氣質跟質感都滿分。

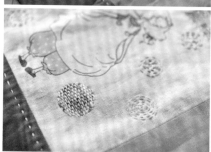

製作示範／Miki
編輯／兔吉
成品攝影／蕭維剛
完成尺寸／長 39cmX 寬 39cm（展開）
　　　　　　長 13.5cmX 寬 18.5cm（收納）
難易度／○○○

SLOW LIFE

Profile

Miki

喜歡拼布、編織、十字繡、鄉村雜貨及收集娃娃，作品以清新的雜貨風和可愛的童趣風呈現，與喜歡羊毛氈的女兒喬有一間名為熊腳丫的手作教室，在小屋子裡和喜愛手作的朋友們，還有五隻店貓度過每一段快樂的手作時光。

熊腳丫手作雜貨屋
店址：台北市大龍街 48 號一樓
E-mail：miki3home@gmail.com
Blog：miki3home.blogspot.com
FB 搜尋：
熊腳丫手作雜貨屋 Bear's Paw
Instagram：@miki3home

Materials

主要布料：綠色棉麻布、小花棉布、圖案棉麻布、橘色棉麻布。

配件：蕾絲緞帶長 8X 寬 2cmX1 條、直徑 2cm 釦子 X1 顆、橘色水兵帶長 45cmX1 條。

裁布：

綠色棉麻布
表布 A   長 30X 寬 10cm   4 片

表布 B	長 30X 寬 20cm	2 片
裡布	長 80X 寬 40cm	1 片
提把 A	長 38X 寬 7cm	2 片
小花棉布		
表口袋 A	長 2X 寬 20cm	2 片
提把 B	長 38X 寬 5cm	2 片
圖案棉麻布		
表口袋 B	長 17X 寬 20cm	2 片
橘色棉麻布		
表口袋裡布	長 19X 寬 20cm	2 片
表底布	長 20X 寬 40cm	1 片

※ 以上數字尺寸除了提把 A 與 B 已含縫份之外，其餘皆不含縫份，請自行外加縫份 1cm。

〔縫補刺繡工具介紹〕

縫補刺繡工具除了基本的針、線與剪刀之外，這邊我們為大家介紹還有一種叫做修繕蘑菇的工具，它可是我們進行縫補刺繡時不可或缺的好幫手唷！一起來看看 Miki 老師精美的收藏吧！

紅色蘑菇

菇梗上細下粗，適合擺放在桌面來進行縫補刺繡。
手繪的紅色白水玉菇頭，十分可愛的童話風格。
日本野口光老師設計販售，日本製。
－購於 2018 台北布博。

木芥子 こけし kokeshi

日本東北地區的傳統手工木偶。
細長的立體柱形，適合以手持方式來製作縫補刺繡。
日本野口光老師販售，日本製。
－ 2017 夏號的毛糸だま通販限量款，購於 2018 台北布博。

手工訂製款

香菇本體可固定在圓形的原木切面底座上，可置於桌面進行縫補刺繡；香菇也可拆下來使用，菇頭與菇梗可以轉開，菇梗裡空心的設計可收納修繕用的針，是一款十分貼心的設計！修繕菇與圓形原木底座皆為原木材質，可說是 100% 自然森林系風格！－購於娃娃活 玩木頭。

※ 本篇示範步驟所使用的修繕蘑菇為日本野口光老師設計款，是一款非常適合放在桌面來進行縫補刺繡的類型喔！

How to Make

06 繡線起頭時記得預留一段約 10cm 長的繡線，準備之後收線藏線用。

07 先繡直線。

08 間隔 0.3cm 繡上直線。

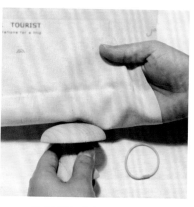

03 將刺繡用木製菇工具放在布的背面。

04 綁上橡皮圈。

05 將橡皮圈綁緊布面整平。

01 喜歡的布有了黃斑該怎麼辦呢？讓我們一起來做刺繡處理，把它變得美美的吧！

02 用水消筆取圖大小，並在有黃斑的地方畫好要刺繡的記號。

18 袋口處以平針縫作法縫上繡線裝飾。

19 疏縫ㄩ字型三邊。

20 將步驟 19 的口袋疏縫於表布 B 上。

21 取表布 A 對齊步驟 20 的右側，兩者正面疊合，車縫好翻回正面。

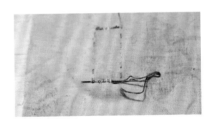

22 同步驟 21 的作法接合另一片表布 A 於左側，完成表袋身（前片）。

14 再取另一片圖案布，使用縫份圈和水消筆在有黃斑的地方畫上圈圈。

15 繡上縫補刺繡和平針刺繡，完成另一片表口袋 B。

16 將表口袋 A 與 B 正面相對，上端對齊後車縫，翻回正面。

17 將步驟 16 與表口袋裡布正面相對，車縫上端，接著翻回正面並用熨斗整燙。

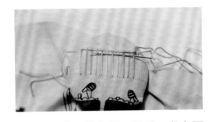

09 橫線如織布般，跟前一段上下相反織繡。

10 轉個方向繼續織繡。

11 建議可用不同的繡法刺繡，圖中所示範的平針繡針目大小不同，看起來會比較有手感！

12 將線頭藏於布的背面。

13 表口袋 B 裝飾刺繡完成。

33 車縫表袋身兩側。

28 將提把 B 摺成寬度 2.5cm。

23 按照步驟 16~22 的作法製作表袋身（後片）。

34 燙開縫份，在袋底車縫底角 5cm。

29 在提把 B 背面貼上雙面膠帶。

24 將表袋身（前片）下端與表底布正面疊合，車縫後翻回正面。另一側作法相同。

35 表袋身袋底完成圖。

30 撕下雙面膠帶，將提把 B 貼合在提把 A 上。

25 在袋底接縫線 0.5cm 處平針縫繡上裝飾線。

36 將裡布正面朝內對摺，預留約 12cm 的返口，車縫兩側。

31 車縫兩側結合，完成提把。

26 將裝飾蕾絲緞帶對摺，依個人喜好位置疏縫在表袋身上。

37 燙開縫份，在袋底車縫底角 5cm，完成裡袋身。

32 將提把疏縫於表袋身袋口處。

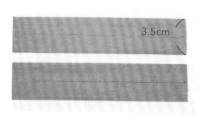

27 將提把 A 摺成寬度 3.5cm。

04 摺袋口約袋身 1/4。

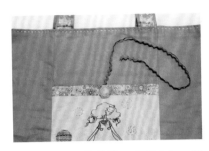

43 在表口袋的袋口處縫上釦子與水兵帶，完成。

38 將表袋身放入裡袋身內，兩者正面相對。

05 摺袋底約袋身 1/4。

袋子的收納方法

01 將提把放入袋裡。

39 袋口處車縫一圈。

06 將袋底摺入袋口。

02 摺入右邊 10 公分寬。

40 從裡袋身的返口將表袋身拉出，記得整理袋型。

07 翻至另一面有口袋處，將水兵帶繞轉袋子一圈，接著在釦子上轉兩圈做固定。

41 以藏針縫縫合返口。

08 將水兵帶塞進袋口，完成。

03 再摺左邊 10 公分寬。

42 袋口處以平針縫作法縫上繡線裝飾。

垂耳兔
餐具袋 & 環保袋

跟垂耳兔說聲嗨！

把自己慣用的環保餐具收進餐具袋裡，
這樣每天出門都不會忘記。

啊，還有購物必備的環保袋，
收納簡單又可愛，東買西買不用怕。
讓我們一起來實行減塑生活吧！

製作示範／安安・金可蘿
編輯／兔吉
成品攝影／蕭維剛
完成尺寸／餐具袋 長20cm× 寬8cm
　　　　　環保袋 長28cm× 寬32cm
難易度／♻♻

Profile

安安・金可蘿

從任職國內最大童裝品牌到台灣創意市集第一代創作人，2008年出版《我的手作收納雜貨舖》（朵琳出版）。曾參與多間咖啡店餐飲設計 / 內場，並於 2012年開設個人咖啡店 - TOT Ta-Ta，以假掰少女漫畫咖啡店著稱，曾參與台灣設計師週、與日本 IP 豆腐人聯名合作等。

實體空間結束後目前為宅系手作人，兩貓一兔與滿屋漫畫與文學下，熱鬧靜好並存的平淡生活中。

FB 搜尋：我的兔子朋友

Materials

紙型 B 面

（一）餐具袋

主要布料：表布 A（咖啡色素布）、表布 B（紅藍色格紋布）、裡布（咖啡色格紋布）。

裁布：

表布 A（咖啡色素布）

表袋身	紙型	2 片（前後各 1）
耳朵	紙型	2 片（左右各 1）

表布 B（紅藍色格紋布）

蝴蝶結（大）	12X7cm	1 片
蝴蝶結（小）	5X3.5cm	1 片

裡布（咖啡色格紋布）

裡袋身	紙型	2 片（前後各 1）
耳朵	紙型	2 片（左右各 1）

※ 以上紙型與數字尺寸皆已含縫份 1cm。

（二）環保袋

主要布料：表布 A（咖啡色素布）、表布 B（白色素布）、表布 C（紅藍色格紋布）、裡布（咖啡色格紋布）。

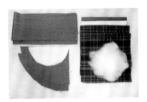

裁布：

表布 A（咖啡色素布）

表上袋身	紙型	1 片
臉部配色	紙型	2 片（左右各 1）
提把	10.5X50cm	2 片

表布 B（白色素布）

表上袋身	紙型	1 片
尾巴	紙型	1 片

表布 C（紅藍色格紋布）

表下袋身	19X37cm	2 片

裡布（咖啡色格紋布）

裡袋身	37X37cm	2 片

其他配件：棉花適量。

※ 以上紙型與數字尺寸皆已含縫份 1cm。

製作蝴蝶結

10 將蝴蝶結布（大）正面朝內對摺，預留返口後如圖車縫。

11 從返口翻回正面，用熨斗整燙後上方車縫一道縫合返口。

12 將蝴蝶結布（小）兩長邊先往內摺 0.5cm，接著再對摺，摺好後車縫。

13 將蝴蝶結布（大）中間抓皺，並將蝴蝶結布（小）置中擺放好，繞圈手縫固定。

05 將耳朵擺放在距離表袋身布邊左端 1.5cm 的位置，兩者正面相對，車縫固定。

06 依照步驟 5 的作法接合另一片表袋身與耳朵。

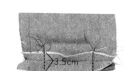

07 將兩片表袋身正面相對，車縫三邊。

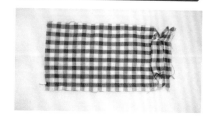

08 如圖在兩側底角抓出 3.5cm 的距離並車縫。

製作裡袋身

09 依照步驟 7~8 的作法製作裡袋身。

製作表袋身

01 取耳朵表、裡布各一片兩者正面相對，沿邊車縫 0.5cm。

02 用熨斗將裡布邊緣摺燙縫份 0.5cm。

03 翻回正面，依照相同作法完成另一片耳朵。

04 用水消筆將紙型標示的兔子眼睛、鼻子與鬍鬚畫在表袋身上，接著用回針繡的方式一一繡好。

05 重複步驟 2~3，接合另一片表上袋身與表下袋身，完成表袋身（後片）。

06 將表袋身前片與後片兩者正面相對，車縫三邊。

07 如圖在兩側底角抓出 10cm 的距離並車縫。

製作裡袋身

08 依照步驟 6~7 的作法製作裡袋身。

製作提把

09 將提把布兩長端先往內摺燙 1cm，接著再對摺，車縫上端固定。需完成兩條。

（二）環保袋

製作表袋身

01 將臉部配色布圓弧邊先往內摺燙 0.5cm，接著放在表上袋身左右兩側靠齊布邊，車縫固定。

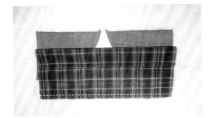

02 取一片表下袋身與表上袋身兩者正面相對，下邊對齊並車縫一道。

03 將表下袋身向下翻摺，用熨斗燙平，接著沿邊車縫裝飾線。

04 用水消筆將紙型標示的兔子眼睛、鼻子與鬍鬚畫在表袋身上，接著用回針繡的方式一一繡好，完成表袋身（前片）。

組合袋身

14 將表袋身套入裡袋身內，兩者正面相對，預留上方返口後車縫一圈。

藏針縫

15 從返口翻回正面，以藏針縫縫合返口。

16 依個人喜好位置手縫蝴蝶結於表袋身正面，完成。

19 將袋身翻到背面。

20 把左右兩側往內摺至中間位置（尾巴下方）。

21 如圖再對摺。

22 將上方提把打結，收納完成，可以輕鬆放進包包裡隨身帶著走囉！

14 將尾巴布外圍縮縫一圈。

15 依個人喜好塞入適量的棉花，塞好後將縫線拉緊。

16 將尾巴手縫在表袋身背面拼接處的位置，完成。

環保袋收納方法

17 將下袋身往上摺至拼接處。

18 接著把上袋身往下摺。

組合袋身

7cm 中心點 7cm

10 先找出表袋身側面的中心點做上記號，接著以中心點往左右各 7cm 畫好記號線，將提把如圖擺放並疏縫。

11 依照步驟 10 的作法疏縫另一側提把。

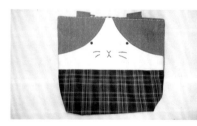

返口

12 將表袋身套入裡袋身內，兩者正面相對，上方預留返口後車縫一圈固定。

13 從返口翻回正面，用熨斗整燙後車縫袋口一圈 0.2cm。

質感皮製長短夾

皮製的質感與魅力令人著迷不已，

溫潤的手感細緻縫製出耐用的皮夾。

多功能
時尚皮短夾

時尚的摺疊式短夾只有手掌般大小，輕鬆掌握好方便，放口袋也剛好。用醒目的縫線，細緻的手縫，裝飾的效果讓皮夾更加分，還可以穿入皮帶當腰包使用。

製作示範／李宛玲
編輯／Forig　成品攝影／林宗億
示範作品尺寸／寬 10cm × 高 8cm × 底寬 1cm
難易度／◆◆◆◆

Profile

李宛玲

現任匠心手工皮雕坊皮革專業技術顧問

2010 作品（純真）獲國父紀念館館藏
2014 受邀〔財團法人彰化縣公益頻道基金會〕錄製（全家一起玩皮趣）系列電視教學節目

出版書籍：

2014 〔與自然對話 玩皮趣李宛玲皮雕創作專輯〕（文化部指導；國立彰化生活美學館出版）
2018 { 藝同玩皮趣～皮革工藝入門的啟蒙教科書 } 台科大圖書出版

展覽經歷：

2005 新竹文化局雕刻二人展（木雕黃媽慶）
2005 受邀彰化市立圖書館（皮雕藝術與生活的對話個展）
2007 台中市文化局李宛玲皮雕個展
2008 彰化縣文化局（牛轉人生玩皮心事）李宛玲皮雕個展
2009 受邀國父紀念館（愛～玩皮）李宛玲皮雕個展
2014 受邀國立彰化生活美學館（與自然對話 玩皮趣）李宛玲皮雕個展
2014 受邀彰顯藝能 幻化首印 彰化縣立美術館首展

Materials

紙型 D 面

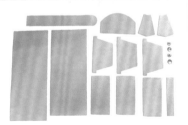

配件：12mm 四合釦 ×1 組。

※ 以上紙型和數字尺寸皆含縫份。

裁片：材料－植鞣革

部件名稱	尺寸	皮革厚度	數量
本體皮片	24.5×10.2cm	1.4~1.6mm	1 片
隔層皮片	紙型	0.8mm	1 片
卡夾層 A	紙型	0.8mm	3 片
卡夾層 B	5.2×10.2cm	0.8mm	3 片
零錢袋側片	紙型	0.8mm	2 片
零錢袋蓋子	紙型	1.4~1.6mm	1 片
舌扣	紙型	1.6~2.0mm	1 片
舌扣環	2×10.2cm	1.4~1.6mm	1 片

工具：地墊、大理石、膠板、木槌、直角三角尺、印花工具壓印字模組、海綿、皮革乳液、床面處理劑、皮革專用染料、手縫蠟線（黃色 - 中細線／土耳其藍 - 極細線）、強力膠、滾輪、修邊器、木製磨緣器、研磨片、上膠片、圓斬、衝鈕器、菱斬、尼龍刷、2mm 工具夾、間距規、紗布、手縫針。

09 先將紗布對折再對折成一小球，利用紗布沾皮革專用染料，在皮上輕輕以畫圓圈方式塗色。

10 所有皮料塗色完成。
※ 由於皮革各部位毛孔和吸色效果不一，產生色差為自然現象。

11 以尼龍刷沾取皮革乳液塗在皮面上，作為保護和定色之用。

12 先以尼龍刷沾取皮革床面處理劑平塗在皮革背面。塗後馬上以木製磨緣器圓柱的平面在皮上來回施力推過，能使皮革背面毛躁的纖維變得平滑。

05 一條線兩支針。

❷ 拓印與上色

06 先在要敲英文字的位置上做記號。

07 用海綿沾水塗在皮面上，再將要敲的字對齊記號線，將字模內附的木棒置於要敲打的字上，再用木槌輕敲木棒，一字字排列敲打。

08 完成印有名字的皮革。
※ 鉻鞣皮無法敲字，有色植鞣較硬挺效果不好，也會造成壓印字模組工具損壞。

❶ 穿針方式

01 以針長量出要扎針位置，針先穿過線中心。

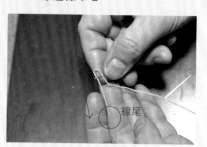

02 穿過針眼拉出後，留下一小圈。※ 圓股蠟線可縫出整齊精緻縫線，但難穿針，所以要先利用指甲將線尾壓扁。

線尾

03 針轉向上方，長線往下拉。

04 線與線呈交錯狀態，可避免縫線時施力，線尾脫落造成重複穿針的困擾。再將短線往下拉，讓線交錯點位於針眼端。

21 塗上強力膠來貼卡夾層。

22 標線區塊都薄薄塗上一層強力膠（要黏貼的兩邊都要上強力膠）。

23 強力膠乾後先對準紅圈位置貼壓緊，再往下貼平。

24 卡夾層 3 片底部皆以間距規畫縫線記號（間距 0.3cm），再以四菱斬依縫線記號打洞。

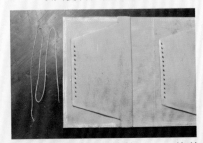

25 依縫線長度剪其 4～6 倍的手縫蠟線（極細）。

17 先以尼龍刷沾取皮革床面處理劑平塗在剛剛磨過的側邊。再以木製磨緣器上的凹槽在側邊上來回磨至光亮平滑。

❹製作隔層

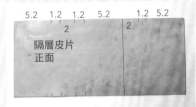

18 取隔層皮片在皮面上依圖標示尺寸做黏貼記號（單位公分）。

19 依圖標線區塊將皮面刮粗，以利強力膠黏貼牢固。

20 放上卡夾層先依紅線畫上黏貼記號。

❸修邊處理

皆為背面向上

↑印花邊

本體皮片

A區　B區

13 紅線邊緣作處理（厚度 1.0 以下不需修邊，1.0 以上需用修邊器修掉皮革銳角）。A 區 - 先用修邊器，再使用研磨片處理；B 區 - 以研磨片處理即可。

14 以修邊器修掉皮革銳利的直角。

15 修邊後的部位以研磨片先垂直來回磨。

16 再換角度依箭頭方向拉磨（正反兩面都要做）。

35 從上對齊往下貼齊壓平。

31 縫製最後一孔時，在皮片表面的線從倒數第二孔穿回背面（此為回針動作）。

26 依『雙針縫』縫線固定，兩支針先從正面下針。

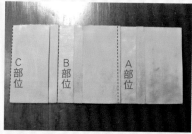

36 A部位先以間距規畫縫線記號，再使用菱斬依縫線記號打洞。

32 留下 0.2 ～ 0.3cm 線，其餘剪斷。將皮彎曲，再以打火機燒掉線尾。

27 背面B線以手指往下壓，會使孔洞出現空隙。

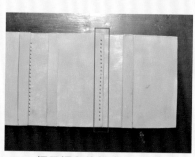

37 標示框內的部位先以手縫蠟線（極細）縫線。

33 利用打火機壓平融化的線，就能輕易使線尾黏在皮上。

28 A線從B線上方空隙穿過。

38 B部位要與本體皮片縫合所以要打洞，四菱斬先對位置不打洞，從對位的第四孔開始打洞。

34 標線區塊塗上強力膠。

29 以A線往右上、B線往左下輕拉使線服貼。

30 A線（一進一出一進）一次，再以B線同方式縫線，輪流循環。

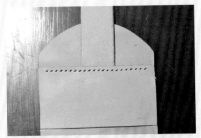

47 再以菱斬打洞，手縫蠟線（中細線）縫合。

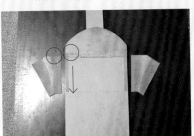

48 縫合完成。貼零錢袋側片，依標線區塊上膠，再從上（紅圈）對齊往下貼平。

49 再以滾輪壓緊。

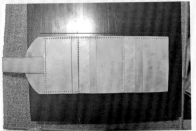

50 依紅線邊標示位置先打洞，再以手縫蠟線（中細線）縫合。

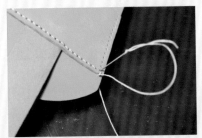

51 此處為零錢袋上方開口，避免日後分開，要回針補強，如此繞兩圈回針固定。

43 本體皮片和舌扣環都先打洞完畢。

44 要當零錢袋的一邊（C部位）先以研磨片做處理，再沾取床面處理劑後，以木製磨緣器處理。

❻製作袋蓋和側片

45 C部位背面放上舌扣先作出黏貼位置記號，再上強力膠貼上舌扣。蓋子正面與相貼邊緣皆上膠。

46 貼合後，確實以滾輪壓緊（這裡密合度很重要）。

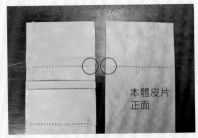

39 於相對位置處打洞。

❺製作皮夾身本體

40 本體皮片先打洞備用，直角處以單菱斬依指示方向先打洞（這樣可以確保縫線時直角線完美）。

41 以四菱斬對準直角洞做記號先不敲打。

42 再從第二孔開始打洞（為確保直角的菱形孔沒被破壞，影響縫線美觀）。

❼組合皮夾

60 依標線區塊位置上強力膠。

61 先由外側對齊貼合。

62 彎折處要先彎曲再貼。

63 利用手依箭頭方向壓緊。

64 中間貼平壓緊（可利用滾輪壓緊固定）。

56 以 2mm 工具夾依皮面菱斬孔夾出兩側零錢袋縫線孔。

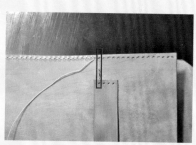

57 先縫上方紙鈔開口的一邊（不與本體皮片相縫），依位置對齊，將舌扣環一起縫上。

58 注意孔位。

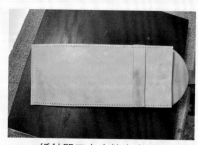

59 紙鈔開口上方縫合完成。

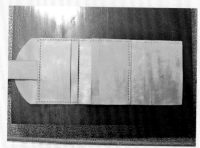

52 縫合完成。

53 取本體皮片與隔層皮片，依菱斬孔位置對齊，以手縫蠟線（極細線）縫合。

54 零錢袋底部縫合完成，依標線區塊位置上強力膠。

55 上膠後由上方對齊往下貼合。貼合後因此處滾輪無法深入，所以利用菱斬手柄壓緊。

貼合方向

73 以圓斬對記號位置打洞。

69 以手縫蠟線（中細線）將邊緣縫合，零錢袋開口處一樣要繞兩圈回針補強（預防使用後這兩片皮開口分離），注意補強位置方向（紅圈處）。

65 另一邊彎曲處一樣彎折再貼，依前頭指示往下推緊。

四合釦組合方法

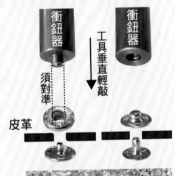

74 依四合釦組裝說明書準備四合釦對應工具（衝鈕器），底座為大理石，釘上四合釦。

75 作品完成。

70 縫合完成，再做最後的磨邊處理。

71 釘釦前先以圓斬打洞。

72 以舌扣對齊零錢蓋釦位作記號。

66 利用工具夾依皮面孔將隔層皮片夾出縫線洞。

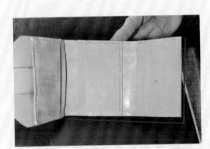

67 紅線標線邊為要夾洞的位置。

68 這邊以研磨片、床面處理劑、木製磨緣器做磨邊處理。

極簡純粹
口金短夾

手染皮革的溫潤，
搭配上口金的相輔相成，
嗯，一切都是如此的純粹、如此的美好。

Profile

LuLu

熱愛手作生活並持續樂此不疲著，因為：" 創新創造不是一種嗜好，而是一種生活方式。"
。原創手作包教學 / 布包皮包設計繪圖
。著作：《職人手作包》，《防水布的實用縫紉》
。雜誌專欄：Cotton Life 玩布生活，Handmade 巧手易
。媒體採訪：自由時報、Hito Radio、MY LOHAS 生活誌 ......

FB 搜尋：LuLu Quilt - LuLu 彩繪拼布巴比倫
部落格：http://blog.xuite.net/luluquilt/1

製作示範／LuLu
編輯／兔吉　成品攝影／蕭維剛
示範作品尺寸／ 11cmX11cm
難易度／◆◆◆

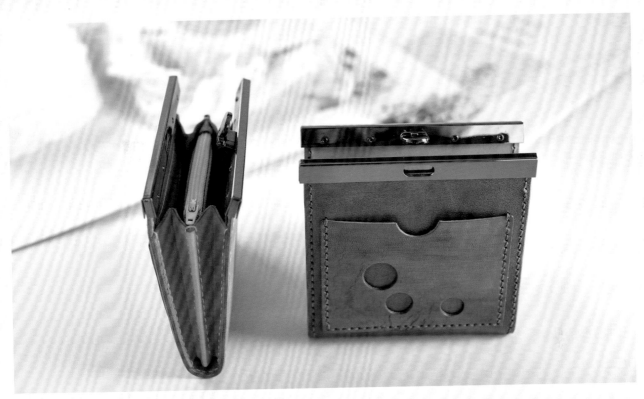

Materials

紙型 D 面

本體	依紙型	1 片
證件袋	依紙型	1 片
零錢袋	依紙型	1 片
包側	依紙型	2 片

其它配件：
內裡（現成卡插組）1 組、11.5cm 長條鎖口金一組、10cm 長拉鍊 1 條。

使用工具：

〔磨邊〕帆布、砂紙、磨緣棒、美工刀
〔打孔〕間距規、菱形斬、橡膠槌、橡膠墊
〔縫合〕縫針、麻線、線蠟
〔黏貼〕強力膠、雙面膠
〔裁切〕削薄刀、修邊器
〔其他常用工具〕床面處理劑、上膠片、推輪、菱形錐、骨筆

※ 本作品通篇採用雙針馬鞍縫法製作完成。

何謂雙針馬鞍縫法呢？

雙針馬鞍縫法的特色是使用單線雙針來回縫合。作法是雙手各持一針，以兩根針線在已經打好的孔洞內用交叉的方式縫合。它的好處是經過經年累月使用之後，即使線不小心斷裂了，針腳也不容易因此而繃開，是一種十分牢固的縫法。

09 將步驟 7 和 8 刮粗的範圍內塗上強力膠。

05 接著再用砂紙打磨。重複步驟 3~5，將側邊和中央挖空的菱形邊磨整至光滑。

❶ 證件袋的製作

01 於證件袋肉面層均勻塗抹床面處理劑。

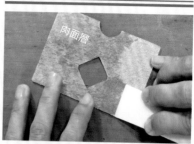

02 在床面處理劑乾透前，適當施力反覆打磨出光澤，使肉面層纖維緊實不毛躁。

10 貼合證件袋與本體。

06 使用間距規在ㄩ形邊畫出 0.3cm 寬的縫線導引線。

11 沿著縫線導引線以菱形斬與橡膠槌鑿孔（下方記得墊橡膠墊）。

❷ 證件袋和本體的組合

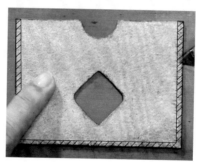

07 如圖將證件袋ㄩ形邊約 0.3cm 寬的範圍用美工刀的刀背刮粗。

03 將側邊同樣塗上床面處理劑，小心不要溢出塗到皮面層。

04 使用帆布磨整側邊。

縫兩次

12 縫合證件袋與本體。留意起縫處和結尾因是證件袋的開口，受力較大，記得都要縫兩次。

08 依紙型標示先於本體畫好證件袋的記號線，接著在記號線內約 0.3cm 寬的範圍一樣用美工刀的刀背刮粗。

21 如圖將零錢袋對摺後黏合。

17 將拉鍊對齊拉鍊口，貼合好後縫合。

13 縫合完成，以推輪壓平針腳。

22 將下邊部分縫合好並磨整，完成零錢袋。

18 縫合好用磨緣棒壓平針腳。

❸ 零錢袋的製作

14 使用帆布磨整零錢袋上拉鍊口的切口處。

❹ 包側的製作

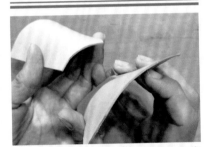

23 將兩片包側的上下兩邊均先磨整拋光。

19 以削薄刀在左右兩側的位置削薄約 0.5cm 寬。

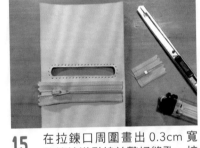

15 在拉鍊口周圍畫出 0.3cm 寬的縫線導引線並鑿好縫孔。接著比對一下拉鍊的長度，將拉鍊多餘的部份剪掉，用打火機燒熔一下拉鍊布避免綻線。

24 在包側的肉面層先畫上一條中線（山摺線），接著使用修邊器沿著中線挖出一道溝槽，另一片作法相同。

20 在周圍塗上強力膠，左右兩側上膠範圍約 0.5cm 寬，上下兩邊上膠範圍約 0.3cm 寬。

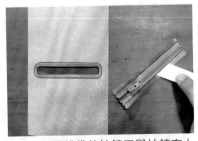

16 在零錢袋的拉鍊口與拉鍊布上分別塗上強力膠。

33 將零錢袋兩側約 0.5cm 寬的範圍先刮粗再塗上強力膠，另一側作法相同。

34 貼合包側與零錢袋。

35 可使用長尾夾輔助讓它們黏得更牢。

36 取下長尾夾並縫合，由於需縫合的皮片共四層厚且零錢袋部分並未鑿孔，請先以菱形錐刺穿縫孔後，再進行縫合，記得上端需繞縫兩次作補強。

29 如圖再將包側對摺，並敲摺出中間的山摺。

30 接著在山摺處畫出 0.5cm 寬的縫線導引線。

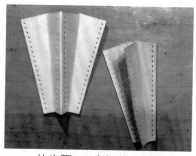

31 依步驟 30 畫好的縫線導引線鑿好縫孔，完成兩片包側。

❺ 包側和零錢袋的組合

32 在包側山摺的兩排縫孔範圍內塗上強力膠。

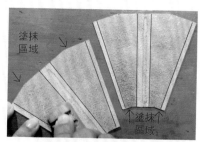

25 將包側的肉面層塗上床面處理劑並打磨（請留意不需整面均塗抹，如圖所示中線約 1cm 寬與兩邊約 0.5cm 寬的範圍皆不需塗抹）。

26 以骨筆壓畫出谷摺線。

27 翻面回皮面層在左右兩側 0.3cm 寬處鑿出縫孔。

28 沿著步驟 26 畫好的谷摺線，以橡膠槌敲摺出谷摺。

44 在步驟 43 刮粗的範圍塗上強力膠,將包側與內裡貼合。

45 可使用長尾夾輔助讓它們黏得更牢。

46 將包側縫合,請留意上下兩端皆需縫兩次。

❼ 裝置長條鎖口金

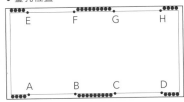

47 在上端開口處先用 0.3cm 寬的雙面膠帶黏合。

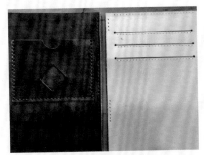

41 然後在內裡周圍畫出 0.3cm 寬的縫線導引線,接著同步驟 40 鑿好定位點之外的縫孔,建議鑿孔時可將本體擺放一旁對照,留意兩者的縫孔位置與數量需一致。

42 以定位點為基準貼合本體與內裡,黏好會如圖呈現自然微曲狀。

43 將定位點之間的範圍用美工刀的刀背刮粗。

❻ 全體的組合

37 在本體周圍畫出 0.3cm 寬的縫線導引線。

38 在上邊套上一字口金前片,注意要擺正,用錐子先標記出孔洞的位置。

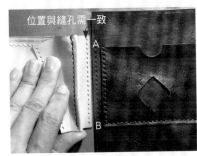

39 依紙型標示在本體上畫好定位點 A、B 的記號,接著如圖將步驟 36 的包側擺放一旁對照,在定位點 A~B 的範圍內鑿好縫孔。依同作法鑿好其他定位點間的縫孔,完成包側貼合處。

● 鑿孔位置

```
┌─────────────────────────┐
│ E      F      G       H │
│                         │
│                         │
│                         │
│ A      B      C       D │
└─────────────────────────┘
```

40 接下來,如圖將本體兩側定位點以外的位置鑿好縫孔。

51 套上口金並將螺絲鎖緊。

48 依步驟 38 畫好的記號切割出一ㄩ形切口（稍後安裝口金用），接著將上端鑿孔並縫合，建議圖中開口處往外繞縫兩次。

52 鎖緊後模樣如圖。

49 如圖用削邊器將兩側小心謹慎地修邊。

53 極簡純粹口金短夾完成了。

50 將兩側打磨拋光至圓滑。

田字編織
紅白長夾

運用雙色的小羊皮製作皮夾，加上不同的編織法有不一樣的新意，特殊的田字編織，設計起來也別有一番風味。裝上鏈帶可以當手提包使用。

製作示範／顏麗烽
編輯／Forig　成品攝影／林宗億
示範作品尺寸／寬 21.5cm × 高 12.5cm × 底寬 2cm
難易度／◆◆◆◆

$\mathcal{Profile}$

顏麗烽

透過手作，享受著單純、簡單的幸福。
衷心期盼所有動手作的過程中，快樂、
滿足、相遇、相隨。

皮開包綻隨手作 Yasmina Yen
FB 粉絲團：www.facebook.com/yasminayen39

Materials

紙型 D 面

用布量：

牛皮或羊皮（視紙型陳列尺寸）、內裡布 0.2 碼。

裁布：

表皮（厚度 0.5 ～ 0.7mm 最佳）

外前袋身	紙型	1 片
外後袋身	紙型	1 片
內袋身	紙型	1 片
內袋插（上）	紙型	2 片
內袋插（中）	紙型	2 片
內袋插（下）	紙型	2 片
側擋皮左＋右	紙型	2 片
拉鍊夾皮	紙型	1 片
後滾條	2.5×22cm	1 條

外圍滾條	2.5×55cm	2 條
田字編條	0.5×45cm	12 條
D 型釦環條	0.8×3cm	2 條

裡布

後貼袋	21×11.5cm	1 片
拉鍊內袋	紙型	2 片（燙厚襯）
袋插	紙型	2 片（3 號下）
側擋左	紙型	2 片
側擋右	紙型	2 片

其它配件：

插鞘釦 ×1 組、1cm D 型環釦 ×2 個、50cm 金屬鍊條 ×1
條、掛勾 1cm 高 ×2 個、3 號拉鍊 16.5cm×1 條、出芽芯
19.5cm×1 條、硬襯 16.5×5.5cm×2 片。

※ 1. 紙型是直接裁剪尺寸，無需再加縫份。
　　2. 皮厚度在 0.5 ～ 0.7mm 間無需再削邊。

How to Make

❷製作內隔層

09 依記號將1號（上）左右二片分別車縫固定。

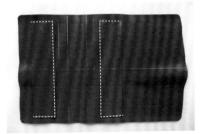

10 再依記號將2號（中）左右二片分別車縫固定。

11 最後依記號將3號（下）左右二片分別車縫固定，僅車縫下緣處和中心分隔壓線。

12 兩側擋片與拉鍊袋結合車縫兩邊。

05 內層左右裡布黏貼於背面。

（正）

（背）

06 拉鍊周圍壓線備用。

07 內層裡袋布下緣處縫份向內折入黏貼。

08 再將下緣處車縫固定完成。

❶製作夾層拉鍊袋

01 如版型標示將皮片縫份內折，裡布用強力膠貼合於皮片上。

02 （1＋2號上＋中）下緣處縫份無需內折。

完成片×2

厚襯　　厚襯
　　　　硬襯

03 將內層裡布貼上厚襯與硬襯。

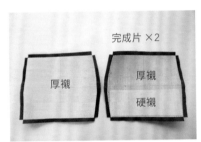

04 拉鍊用雙面膠帶黏貼於皮片正面與背面兩側。

19 車縫兩側 D 型環於內層皮標示位置，內外袋身準備合體。

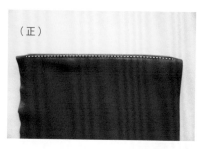

（正）

（背）

16 將內裡袋摺好，出芽壓線固定。

13 再將拉鍊袋擺放在內隔層中間位置，備用。

❹ 組合袋身

20 安置插鞘底釦。

17 後袋身裡布與前袋身表皮下緣處車縫固定。
※ 前袋身表皮編織請參考步驟最後的田字編打法示範。

18 用二榔皮加強挺度（視皮質決定是否需要）。

❸ 製作表袋身

14 取後滾條，將出芽芯置中包折黏貼好。

15 外後袋身皮＋出芽＋內裡袋車縫固定。

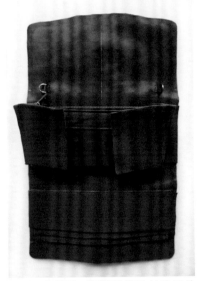

21 先將同一側擋片黏貼於袋插位置（另一側先不黏貼）。

※ 田字編打法參考示範

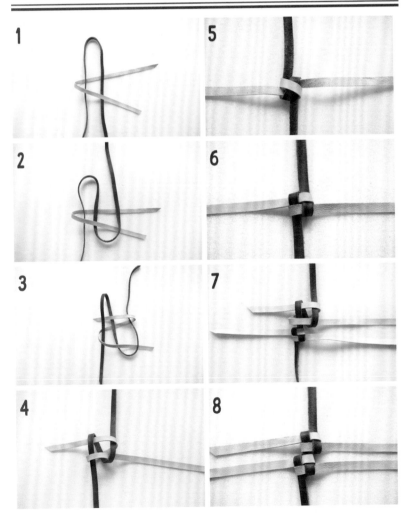

22 外圍滾條從正面開始黏貼後翻至背面繼續黏貼妥當。

23 剩下未完成的另一側擋片黏貼於另一側袋插位置後再處理外圍滾條。最後將外圍滾條邊距0.7cm 整圈手縫固定完成。

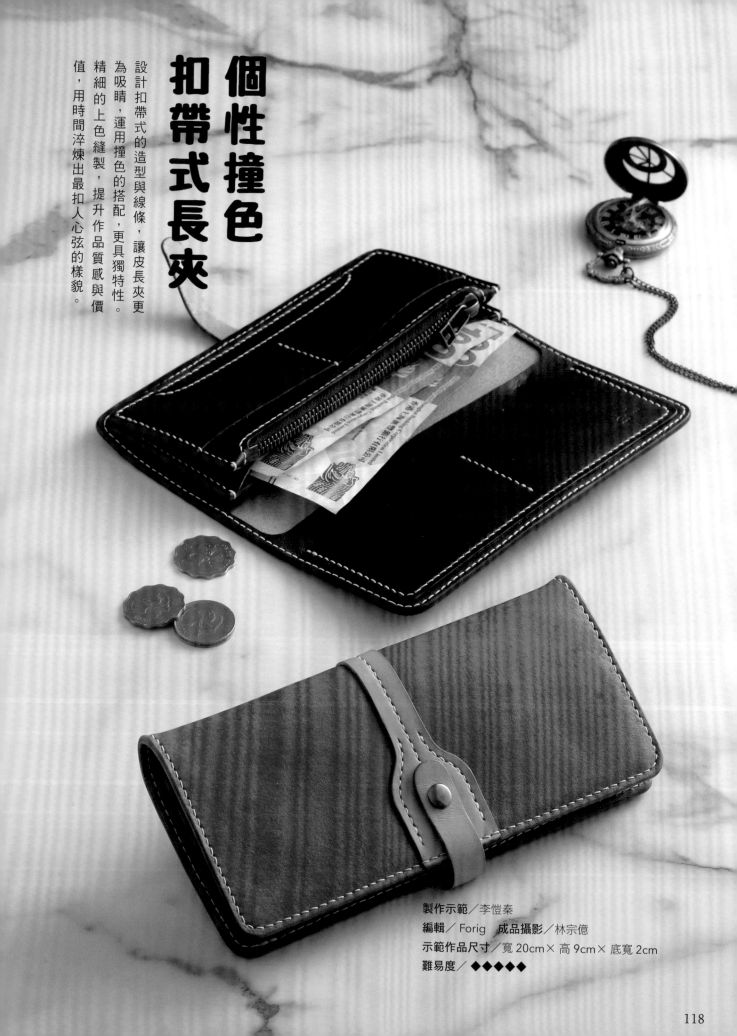

個性撞色
扣帶式長夾

設計扣帶式的造型與線條，讓皮長夾更為吸睛，運用撞色的搭配，更具獨特性。精細的上色縫製，提升作品質感與價值，用時間淬煉出最扣人心弦的樣貌。

製作示範／李愷秦

編輯／Forig　成品攝影／林宗億

示範作品尺寸／寬20cm×高9cm×底寬2cm

難易度／◆◆◆◆◆

118

Profile

李愷秦
Esther

2012 年開始接觸手作革，2016 年成立 Es Handcraft 手作皮件個人工作室。憑藉對色彩的喜好，手工染製植鞣革，每一次的染色，都是獨一無二。佐以創意開發，跳脫對革物的既定印象，創作別出心裁而實用的作品。

▎ 教學經歷
2017 迄今　　　嘉義市救國團 講師
2017-2018　　嘉義市博愛社大 講師
2017-2018　　手工藝館革物課程 特約教師
2016　　　　　苗栗通霄扶輪社 - 副業發展計畫講師

▎ 展覽經歷
2018/6/1-7/1　生活工藝聯展 / 苗栗縣苗北藝文中心
2016/4/20-4/24　臺灣文博會 享憩生活。居 /
　　　　　　　　1914 華山文創產業園區

▎ 品牌理念
扭轉對皮革應用範圍的刻板印象，從生活中拾取靈感與文化元素，揉合手作的溫潤與獨特性，創作出耳目一新且工法細膩的皮件，讓藝術自然融入日常。

▎ 作品資訊
FB： Es handcraft
IG： es_ handcraft

Materials ※ 本作品以原皮色植鞣革製作，事前先行手工染色。

紙型 D 面

裁片：※ 紙型編號（1）為記號說明，不開皮料。

皮片編號	部件名稱	皮革厚度	紙型編號
1	對折長夾主體	1.5mm	(2)
2	皮帶	1.5mm	(2-1)
3	備用夾	1.5mm	(3)
4	卡片夾前片	1mm	(3-1)
5	卡片夾後片	1mm	(3-2)
6	備用夾	1.5mm	(4)
7	卡片夾前片	1mm	(4-1)
8	零錢袋	1mm	(4-2)
9	伸縮側片 ×2	1mm	(5)
10	右伸縮側片	1mm	(6)
11	左伸縮側片	1mm	(7)

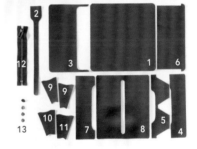

皮革開料圖：
· 使用圓錐在西卡紙上沿著紙型描繪出各個樣式。
· 依紙型裁切皮片後，皮片正面先均勻塗抹保養油。

配件：16cm 拉鍊 ×1 條、10mm 四合釦 ×1 組。

工具：1 木槌、2 白膠、3 強力膠、4 床面處理劑、5 膠板、6 手縫針、7 剪刀、8 玻璃板、9 除膠片、10 線蠟、11 不織布、12 帆布、13 削皮刀、14 鐵尺 30cm 長、15 保養油、16 麻線、17 劃線規、18 菱錐、19 圓錐、20 單孔，雙孔，四孔，六孔菱斬、21 切割墊、22 萬用環狀台、23 四合釦公母釦工具 10mm、24 圓斬 2mm、25 削邊器、26 磨緣器、27 透明刮棒、28 大，小上膠片、29 粗，細，圓砂磨棒、30 美工刀、31 銀筆、32 雙面膠 5mm。

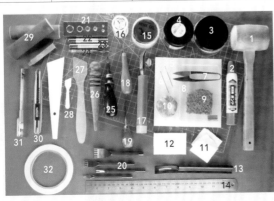

❶床面處理區塊

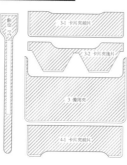

01 **咖啡色斜線處**
以塑膠刮棒沾取適量床面處理劑塗在床面，撫平表面纖維。玻璃板可用在大面積處進行磨整，讓床面更平滑、有光澤，完成後靜置 3-5 分鐘再進行後續步驟。

※ 塗抹床面處理劑前務必先以保養油塗抹皮面，以避免皮面沾到床面處理劑後，讓表皮毛孔受到處理劑填補，產生色澤不均的情形。

02 **紅線處**
以指腹沾取適量床面處理劑塗於端面，再以磨緣器打磨端面至略帶光澤。

03 **邊界留白處**
皮革邊緣鑿孔縫合處，需預留 3mm 邊界，塗抹強力膠時才能黏合皮片。

※ 貼合時需兩片皮片的床面都上膠。如上膠處不慎塗抹到床面處理劑，可使用美工刀輕輕破壞該處表面。

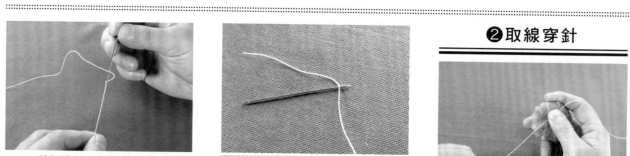

04 將短邊的縫線穿過針眼順勢往下拉。

05 長邊縫線下拉後絞住兩條線。

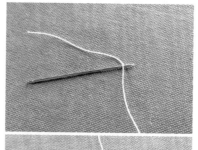

03 取縫線和縫針等長，縫針刺穿縫線中心兩次，縫線呈 S 形。

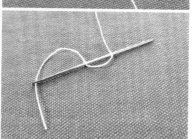

（接下圖）

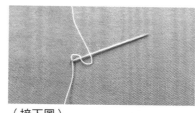

06 另一端重複相同動作即完成縫線準備。

❷取線穿針

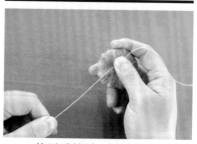

01 均以手縫針、擦蠟後的麻線或蠟線搭配「雙針縫」完成。

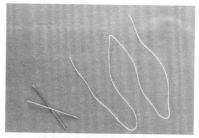

02 線長約為縫合長度的 4 倍。縫合長度若低於 10cm，取線的倍數就需增為 5 倍，以避免線長不足。

03 以圓錐輕劃出連接皮帶中心端點的直線。

04 以劃線規繪製左右曲線的縫線記號。

05 用木槌及菱斬打鑿出皮帶直線、曲線的縫線孔。以圓斬在四合釦記號位置鑿出圓孔。

06 用美工刀輕微破壞(2)的縫線區域(以記號為中心,左右各延伸1.5mm,注意不得超出皮帶邊緣)表面,稍微挑起纖維。

05 正反兩面收線處點上白膠固定。

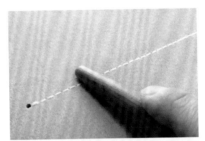

06 最後用磨緣棒尖端壓平針腳即完成縫合。※如使用蠟線縫製,收尾剪線時須留2mm線頭,打火機燒結後壓平即可。

❹製作主體

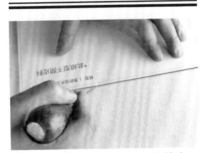

01 取紙型(1)放在(2)主體上,以圓錐在皮帶疊合位置的端點標示記號。

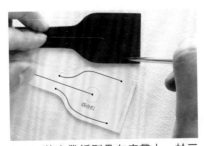

02 將皮帶紙型疊在皮帶上,於三條縫線(紅線)端點以圓錐標示記號。

❸起針／收針

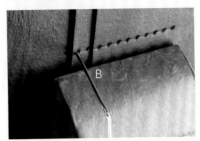

01 B針由皮革正面第二個鑿孔起針,讓兩邊線長等長對齊。

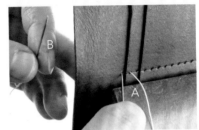

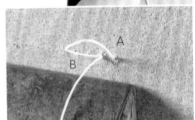

02 A針再往回穿入第一個鑿孔,穿入至背面後,接著穿過第二個鑿孔。

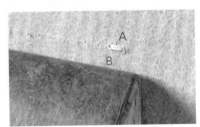

03 B針往回穿入第一個鑿孔,穿出正面後,接著再穿過第二個鑿孔。

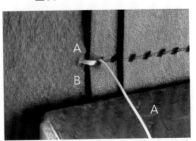

04 A針往第三個鑿孔縫合,兩針交叉縫至最後一個鑿孔,再回縫兩孔即可收線。

15 將 (3) 備用夾與 (3-1) 卡夾前片底端ㄩ字形處上膠貼合。

16 在黏合好的皮片中央處以圓錐做鑿孔記號,使用菱斬鑿孔(鑿洞時須避開皮片邊界,以免產生破口),從卡夾開口端開始縫合。

17 卡夾中線縫合完成後用劃線規在底端ㄩ字形位置劃出 3mm 線寬。

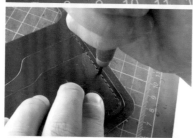

18 以菱斬沿著劃線位置鑿孔,鑿洞時須避開邊界(多跨一齒),轉角處則用單孔菱斬鑿孔。打鑿後再以菱錐穿刺鑿孔。

❺製作左側卡夾

11 將紙型 (3) 放置於對應的皮料上,做出 3mm 的ㄩ字形卡夾記號,再使用美工刀進行表面破壞(需挑起床面纖維,讓強力膠可附著)。

12 把 (3-2) 卡片夾後片底部,使用削薄刀將床面處削薄至 0.5mm。

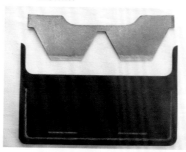

13 將 (3-2) 放置於 (3) 備用夾上,以圓錐劃出底部黏貼位置線,使用美工刀挑起表面纖維,再將兩者黏貼位置上膠貼合。

14 使用劃線規在卡片夾底部劃出 3mm 線寬,再以菱斬沿著劃線位置鑿孔,取 5 倍線長縫合。

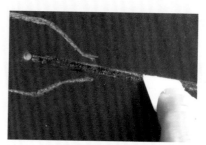

07 將主體破壞處與皮帶縫線貼合處塗抹適量強力膠,對齊貼合。

08 菱錐穿過曲線與直線的鑿孔。

09 取 4 倍的線長,縫合直線;取 5 倍的線長,縫合曲線(起針 / 收針請參考縫合圖說)。

10 安裝四合釦。將四合釦與皮帶放置於環狀打台,敲打至固定。

26 將(4-1)卡夾放置於零錢袋本體,用圓錐點出貼合位置記號。

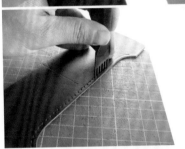

27 (4-1)需貼黏處,使用美工刀進行床面破壞。卡夾底部,劃出3mm線寬,以菱斬沿著劃線位置鑿孔(注意左右兩端的鑿孔,須距離邊界10mm)。

28 貼合(4-1)與零錢袋本體,並以圓錐劃出卡夾中線,再以菱斬沿著劃線位置鑿孔。

29 使用菱錐穿刺過卡片夾的鑿孔。

22 圓弧轉彎處用雙孔菱斬鑿洞,直線處則使用四孔或六孔菱斬(結尾時,如遇到孔洞無法均分,需提前4〜6孔以雙孔菱斬調節)。

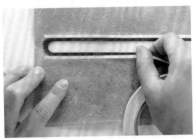

23 將(4-2)開口處床面使用寬度5mm雙面膠,黏貼在距離邊界3mm的地方。

24 零錢袋本體與拉鍊定位貼合,再使用菱錐沿著孔洞穿刺過拉鍊織布。

25 零錢袋進行縫製(起針處可從拉鍊尾端開始,收針時線頭才不會外露)。

19 ㄩ字形位置進行縫合。

20 (3) 備用夾左右兩側上緣,將床面處削薄至0.5mm。

❻製作右側零錢袋

21 在(4-2)零錢袋安裝開口周圍,劃出3mm線寬,兩端圓弧處,使用單孔菱斬鑿出基準點。

37 左右伸縮片縫製完成後，ㄩ字形端面塗抹適量床面處理劑，以帆布與磨緣器磨整平滑。

34 用銀筆將正面記號點引線至左右兩端。

30 卡夾開口端起針，中線縫合完成後，底部也一併縫合。

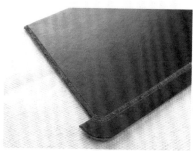

38 取紙型(4)在相對應皮面上，做出寬3mm的ㄩ字形零錢袋記號，再使用美工刀進行表面破壞。

35 零錢袋ㄩ字形處劃出3mm線寬，再用菱斬沿著劃線位置鑿孔，菱錐穿刺過左右伸縮片(5)（鑿洞時菱斬須避開皮片邊界，以免產生破口）。零錢袋底部位置暫不穿刺。

31 零錢袋四周上膠貼合。

39 在轉角突出處的床面，以削皮刀削薄至1mm。

36 縫製伸縮片起針時，將線左右交叉繞縫於頂端處，縫至底端收線時，須將線跨縫出尾端。

32 兩片伸縮片(5)雙面的縫合處劃線、鑿孔，零錢袋背面ㄩ字形處作皮面破壞後，再上膠黏貼兩者。

40 零錢袋背面底部與左右伸縮片上膠。

33 使用粗砂磨棒整修側邊至平整，削邊器貼近側邊，將正反兩面捲曲皮肉削除。

124

48 黏貼定位後,菱錐穿刺過零錢袋鑿孔位置。

49 起針回縫兩針,縫至終點後回縫兩針收線頭。

❼組合三物件

50 先將左側卡夾貼合於主體左邊。

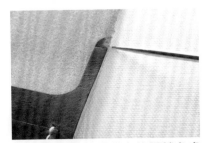

51 使用美工刀在上緣圓轉角處8mm區塊,進行表面破壞(注意不得超出10mm)。

44 使用粗砂磨棒整修側邊至平整,削邊器貼近側邊,將正反兩面捲曲皮肉削除。

45 在伸縮片已預先鑿孔的位置,使用菱錐穿刺過三個物件(穿刺時注意(6)(7)伸縮片下緣,須避開皮片邊界,以免產生破口)。

46 縫製伸縮片起針時,將線左右交叉繞縫於頂端處。完成後端面塗抹適量床面處理劑,以帆布與磨緣器磨整平滑(參考步驟36-37)。

47 零錢袋下緣處上膠貼合(4)備用夾(注意上膠時不要溢膠)。

41 將(4)備用夾正反面欲縫合伸縮片的地方上膠。

42 將(6)(7)伸縮片短邊上膠(注意(6)(7)伸縮片上緣處,有長短之分,紙型有長短標示)。

43 將(5)伸縮片、(4)備用夾層與(6)(7)伸縮片,三個物件一起貼合(零錢袋底部暫時不上膠)。

58 縫合完成，端面塗抹適量床面處理劑，用帆布與磨緣器磨整平滑。

59 確認四合釦的開合狀況，再做一次保養油處理。

56 沿著劃線位置鑿孔（皮帶位置、伸縮片位置須跨距鑿孔）。

57 由長夾背面底部開始縫製，收尾時需回縫兩針結束縫合。

52 右側零錢袋夾貼合於主體右邊（伸縮片與圓角貼合處貼合後，可用磨緣器尖端壓平接合處）。

53 使用粗砂磨棒整修主體四周端面整邊至平整，削邊器貼近側邊，將正反兩面捲曲皮肉削除。

54 皮片連接處以銀筆在端面做記號。

55 長夾正面用劃線規劃出 3mm 線寬。

CottonLife 玩布生活 No.30

讀者問卷調查

Q1.您覺得本期雜誌的整體感覺如何？　□很好　　□還可以　　□有待改進

Q2.您覺得本期封面的設計感覺如何？　□很好　　□還可以　　□有待改進

原因：＿＿＿＿＿＿＿＿＿＿＿＿＿＿＿＿＿＿＿＿＿＿＿＿＿＿＿

Q3.本期雜誌中您最喜歡的單元有哪些？

□拼布雜貨《Tic Tac Toe 井字遊戲萬用包》、《小木屋拼接杯墊組》 P.4

□刺繡布雜貨《縫紉小工具刺繡三件組》P.14

□刊頭特集「大小自由變化包」P.21

□洋裁課程（甜蜜親子裝）《花開的季節親子裝》、《清新質感蕾絲親子上衣》 P.40

□旅遊專題「出國必備行李袋」P.53

□進階打版教學（四）「袋身上圓角後背款」P.80

□環保愛手作《午間散策的購物袋》、《垂耳兔餐具袋&環保袋》 P.86

□玩皮特企「質感皮製長短夾」 P.97

Q4.刊頭特集「大小自由變化包」中，您最喜愛哪個作品？

原因：＿＿＿＿＿＿＿＿＿＿＿＿＿＿＿＿＿＿＿＿＿＿＿＿＿＿＿

Q5.旅遊專題「出國必備行李袋」中，您最喜愛哪個作品？

原因：＿＿＿＿＿＿＿＿＿＿＿＿＿＿＿＿＿＿＿＿＿＿＿＿＿＿＿

Q6.玩皮特企「質感皮製長短夾」中，您最喜愛哪個作品？

原因：＿＿＿＿＿＿＿＿＿＿＿＿＿＿＿＿＿＿＿＿＿＿＿＿＿＿＿

Q7.雜誌中您最喜歡的作品？不限單元，請填寫1-2款。

原因：＿＿＿＿＿＿＿＿＿＿＿＿＿＿＿＿＿＿＿＿＿＿＿＿＿＿＿

Q8.整體作品的教學示範覺得如何？　□適中　　□簡單　　□太難

Q9.請問您購買玩布生活雜誌是？　□第一次買　□每期必買　□偶爾才買

Q10.您從何處購得本刊物？　□一般書店　　□超商　　□網路商店（博客來、金石堂、誠品、其他）

Q11.是否有想要推薦（自薦）的老師或手作者？

姓名：　　　　　連絡電話（信箱）：

FB／部落格：＿＿＿＿＿＿＿＿＿＿＿＿＿＿＿＿＿＿＿＿＿＿＿＿＿

Q12.請問對我們的教學購物平台有什麼建議嗎？（www.cottonlife.com）

歡迎提供：＿＿＿＿＿＿＿＿＿＿＿＿＿＿＿＿＿＿＿＿＿＿＿＿＿＿＿

Q13.感謝您購買玩布生活雜誌，請留下您對於我們未來內容的建議：

姓名／	性別／□女　□男	年齡／　　歲
出生日期／　　月　　日	職業／□家管　□上班族　□學生　□其他	
手作經歷／□半年以內　□一年以內　□三年以內　□三年以上　□無		
聯繫電話／（H）　　　　　（O）　　　　　（手機）		
通訊地址／郵遞區號 □□□□□		
E-Mail／	部落格／	

讀者回函抽好禮

活動辦法：請於2019年5月15日前將問卷回收（影印無效）填寫寄回本社，就有機會獲得以下超值好禮。獲獎名單將於官方FB粉絲團（http://www.facebook.com/cottonlife.club）公佈，贈品將於6月統一寄出。※本活動只適用於台灣、澎湖、金門、馬祖地區。

手縫圓弧、機縫拼接束口袋材料包
（1份）隨機

粉嫩白玉配色布
（2尺）

請貼8元郵票

Cotton Life 玩布生活
飛天手作興業有限公司 編輯部

235 新北市中和區中正路872號6F之2
讀者服務電話：（02）2222-2260

黏貼處

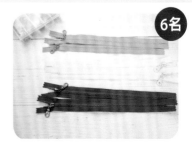

10cm方形、圓弧口金
（1個）隨機

彩色裝飾水兵帶
（1份）隨機

30cm塑鋼拉鍊
（2入）隨機